essentials

Essentials liefern aktuelles Wissen in konzentrierter Form. Die Essenz dessen, worauf es als „State-of-the-Art" in der gegenwärtigen Fachdiskussion oder in der Praxis ankommt. Essentials informieren schnell, unkompliziert und verständlich

– als Einführung in ein aktuelles Thema aus Ihrem Fachgebiet
– als Einstieg in ein für Sie noch unbekanntes Themenfeld
– als Einblick, um zum Thema mitreden zu können.

Die Bücher in elektronischer und gedruckter Form bringen das Expertenwissen von Springer-Fachautoren kompakt zur Darstellung. Sie sind besonders für die Nutzung als eBook auf Tablet-PCs, eBook-Readern und Smartphones geeignet.

Essentials: Wissensbausteine aus Wirtschaft und Gesellschaft, Medizin, Psychologie und Gesundheitsberufen, Technik und Naturwissenschaften. Von renommierten Autoren der Verlagsmarken Springer Gabler, Springer VS, Springer Medizin, Springer Spektrum, Springer Vieweg und Springer Psychologie.

Ekbert Hering

Gewinn- und Verlustrechnung (GuV) und Bilanz für Ingenieure

Springer Vieweg

Prof. Dr. mult. Dr. h.c. Ekbert Hering
Hochschule für angewandte Wissenschaften Aalen
Deutschland

ISSN 2197-6708   ISSN 2197-6716 (electronic)
ISBN 978-3-658-06291-0   ISBN 978-3-658-06292-7 (eBook)
DOI 10.1007/978-3-658-06292-7

Die Deutsche Nationalbibliothek verzeichnet diese Publikation in der Deutschen Natio-
nalbibliografie; detaillierte bibliografische Daten sind im Internet über http://dnb.d-nb.de
abrufbar.

Springer Vieweg
© Springer Fachmedien Wiesbaden 2014

Gedruckt auf säurefreiem und chlorfrei gebleichtem Papier

Springer Vieweg ist eine Marke von Springer DE. Springer DE ist Teil der Fachverlagsgruppe
Springer Science+Business Media
www.springer-vieweg.de

Was Sie in diesem Essential finden können

- Erstellung der Gewinn- und Verlustrechnung
- Erstellung einer Bilanz
- Erstellung von Jahresabschlüssen nach IAS/IFRS
- Erstellen einer Kapitalflussrechnung
- Auswertung der Abschlüsse durch Kennzahlen und Interpretation des Geschäftsverlaufes

Vorwort

Dieses Werk basiert auf dem „Handbuch Betriebswirtschaft für Ingenieure" von Ekbert Hering und Walter Draeger, 3. Auflage 2000. Dieses Werk hat sich einen hervorragenden Platz als Lehrbuch für Studierende, insbesondere der Ingenieurwissenschaften, und als Standard-Nachschlagewerk für Ingenieure in der Praxis geschaffen. Die Vorteile sind die *große Praxisnähe* (das Werk wurde von Praktikern für Praktiker geschrieben), die Präsentation der *ganzen Breite des Managementwissens,* die vielen Beispiele, welche die sofortige Umsetzung in den betrieblichen Alltag ermöglichen sowie die umfangreichen Grafiken, welche die Zusammenhänge veranschaulichen. Zusätzlich werden Beispiele aus dem produzierenden Gewerbe und der Dienstleistungsbranche anschaulich vorgestellt. Die neuen Vorschriften IAS und IFRS für kapitalmarktorientierte Unternehmen sind aufgenommen worden. Eine Kapitalflussrechnung, die den Liquiditätsstatus eines Unternehmens zeigt, wurde ebenfalls berücksichtigt. Für Ingenieure ist wichtig, die Zahlen aus der GuV und die Bilanz richtig interpretieren zu können. Deshalb wurde die Kennzahlensystematik zur Beurteilung der Unternehmensgeschäfte in der Gegenwart und die Prognosen für die Zukunft an Hand von Beispielen besonders ausführlich behandelt.

Inhaltsverzeichnis

Einleitung 1

Zum Ende eines Geschäftsjahres, das nicht mit dem Kalenderjahr übereinstimmen muss, sind die Unternehmen verpflichtet, einen Jahresabschluss zu erstellen. Wie Abb. 1.1 zeigt, besteht der Jahresabschluss einer Unternehmens aus folgenden Teilen:

- Gewinn- und Verlustrechnung (GuV: Gegenüberstellung der Erlöse und der Aufwendungen),
- Bilanz (Gegenüberstellung des Vermögens und des Kapitals; für Kapitalgesellschaften sind noch ein Anhang zur Erläuterung der Bilanz und eines Lageberichtes zur Beurteilung der derzeitigen Geschäftslage und der zukünftigen Geschäftsentwicklung zu erstellen),
- Internationale Rechnungslegung nach IFRS für kapitalmarktorientierte Konzernabschlüsse,
- Auswertung durch Kennzahlen aus der GuV und der Bilanz (Überblick über die derzeitige Lage des Unternehmens und seine zukünftigen Aussichten).

In Tab. 1.1 sind die wichtigen Begriffe des Jahresabschlusses erläutert.

E. Hering, *Gewinn- und Verlustrechnung (GuV) und Bilanz für Ingenieure*, essentials, DOI 10.1007/978-3-658-06292-7_1, © Springer Fachmedien Wiesbaden 2014

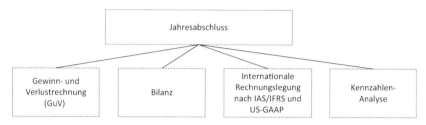

Abb. 1.1 Bestandteile des Jahresabschlusses (eigene Darstellung)

Tab. 1.1 Wichtige Begriffe des Jahresabschlusses (eigene Darstellung)

Begriff	Erklärung
Aufwand	Während einer Periode entstandener Wertverzehr
Materialaufwand	Aufwand für Roh- Hilfs- und Betriebsstoffe, für bezogene Waren und Dienstleistungen Dritter
Personalaufwand	Löhne und Gehälter, sowie Sozialabgaben, Aufwendungen für die Altersversorgung und Unterstützung
Abschreibungen	In Geld bewerteter Verschleiß der Maschinen, Anlagen und Gebäude sowie die Wertminderung immaterieller Anlagen (z. B. Lizenzen), soweit sie in der Bilanz ausgewiesen sind
Zinsaufwand	Aufwendungen für bezahlte Zinsen
Zweckaufwand	Aufwand auf Grund des Betriebszweckes
Neutraler Aufwand	Aufwand, der *betriebsfremd* (nicht dem Betriebszweck entsprechend, z. B. Spenden), *periodenfremd* (nicht in Abrechnungsperiode entstanden; z. B. Steuernachzahlungen) oder *außerordentlich* (fallen unregelmäßig oder unvorhergesehen an, z. B. Brandschaden)
Ertrag	Der Ertrag zeigt den in einer Abrechnungsperiode erwirtschafteten *Bruttowertzuwachs*, d. h. alle vom Unternehmen erzeugten Produkte und Dienstleistungen, unabhängig davon, ob sie dem Betriebszweck dienen (*Zweckertrag*) oder nicht (*neutraler Ertrag*)
Umsatzerlöse	Erlöse, die durch den Verkauf an Gütern und Dienstleistungen erzielt wurden. Davon abzuziehen sind die *Erlösschmälerungen*, das sind die Mehrwertsteuer, Skonti und gewährte Rabatte
Bestandsveränderungen an fertigen und unfertigen Erzeugnissen	Bewertete Vorräte an Roh-, Hilfs- und Betriebsstoffen, eingekauftes Material, Halbzeuge sowie die in Arbeit befindlichen Teile (werden mit den Herstellkosten bewertet)

Tab. 1.1 (Fortsetzung)

Begriff	Erklärung
Sonstige betriebliche Erträge	Darunter fallen beispielsweise die Erlöse beim Verkauf von Maschinen oder anderen Betriebsgegenständen
Erträge aus Beteiligungen, aus Wertpapieren und Finanzanlagen und Zinserträge	Verschiedene Erträge aus finanziellen Tätigkeiten
Außerordentliche Erträge	Erträge, die nicht in der Abrechnungsperiode erwirtschaftet worden sind (z. B. Schadensvergütungen)
Betriebsergebnis	Das Betriebsergebnis ist die Differenz zwischen Erträge und Aufwendungen der betrieblichen Tätigkeit
Finanzergebnis	Differenz zwischen Ertrag und Aufwand aus den finanziellen Tätigkeiten
Außerordentliches Ergebnis	Werden von den außerordentlichen Erträge die außerordentlichen Aufwendungen abgezogen, dann ergibt sich das außerordentliche Ergebnis
Jahresüberschuss/Jahres-fehlbetrag	Werden von der Summe aus Betriebsergebnis, Finanzergebnis und außerordentlichem Ergebnis die *ertragsabhängigen* Steuern und andere Abgaben abgezogen, dann ergibt sich ein *Jahresüberschuss* (Gewinn) oder *Fehlbetrag* (Verlust)

Gewinn- und Verlustrechnung (GuV) 2

2.1 Aufgaben der GuV

Die GuV gehört, wie die Bilanz, zum Jahresabschluss eines Unternehmens. Ihre Aufgabe besteht darin, den erzielten Erfolg (Gewinn oder Verlust) aufzuzeigen. Durch eine entsprechende Gliederung nach § 275 Abs. 2 HGB werden Erträge den Aufwendungen gegenübergestellt. Auf diese Weise können die Ursachen für den Gewinn bzw. den Verlust untersucht und erkannt werden.

2.2 Gliederung der GuV

Der Aufbau der Gewinn- und Verlustrechnung ist nach § 275 Abs. 2 HGB vorgeschrieben. Es werden den Gesamterlösen die entsprechenden Aufwendungen gegenübergestellt. Die Grundstruktur zeigt Tab. 2.1.
Die Aufwendungen sind gegliedert in:

- Materialaufwand,
- Personalaufwand und
- Abschreibungen.

Wird von den Gesamterlösen der Materialaufwand abgezogen, dann ergibt sich das *Rohergebnis* (*Rohertrag*).
Das *Betriebsergebnis* erhält man, wenn man vom Gesamterlös die *betrieblichen Aufwendungen* abzieht. Dazu zählen die Personalaufwendungen, die Abschreibungen und die sonstigen betriebliche Aufwendungen (außer Materailaufwand; z. B. Kommunikationskosten).

E. Hering, *Gewinn- und Verlustrechnung (GuV) und Bilanz für Ingenieure*, essentials, DOI 10.1007/978-3-658-06292-7_2, © Springer Fachmedien Wiesbaden 2014

Tab. 2.1 Gliederung der GuV (eigene Darstellung)

1.		Umsatzerlöse
2.	±	Erhöhung oder Verminderung des Bestands an fertigen und unfertigen Erzeugnissen
3.	+	Andere aktivierte Eigenleistungen
4.	+	Sonstige betriebliche Erträge
Summe Gesamterlöse		
5.	−	Materialaufwand
		a) für Roh-, Hilfs- und Betriebsstoffe und für bezogene Waren
		b) für bezogene Leistungen
Summe Materialaufwand		
Rohergebnis (Gesamterlöse – Materialaufwand)		
6.	−	Personalaufwand
		a) Löhne und Gehälter
		b) Soziale Abgaben und Aufwendungen für Altersversorgung und Unterstützung
Summe Personalaufwand		
7.	−	Abschreibungen
		a) auf immaterielle Vermögensgegenstände, Sachanlagen
		b) auf Umlaufvermögen
Summe Abschreibungen		
8.	−	Sonstige betriebliche Aufwendungen
Summe betriebliche Aufwendungen außer Materialaufwand		
Betriebsergebnis		
9.	+	Erträge aus Beteiligungen
10.	+	Erträge aus anderen Wertpapieren
11.	+	Sonstige Zinsen und ähnliche Erträge
12.	−	Abschreibungen auf Finanzanlagen und Wertpapiere
13.	−	Zinsen und ähnliche Aufwendungen
Finanzergebnis		
14.		*Ergebnis der gewöhnlichen Geschäftstätigkeit*
15.	"+"	Außerordentliche Erträge
16.	"−"	Außerordentliche Aufwendungen
17.		*Außerordentliches Ergebnis*
18.	−	Steuern vom Einkommen und vom Ertrag
19.	−	Sonstige Steuern
Summe Abgaben		
20.		*Jahresüberschuss/Jahresfehlbetrag*

Zusätzlich zum Betriebsergebnis wird das *Finanzergebnis* errechnet. Dies ist die Gegenüberstellung der Einnahmen und Ausgaben für Finanzgeschäfte. Das Betriebs- und das Finanzergebnis zusammen stellen das *Ergebnis der gewöhnlichen Geschäftstätigkeit* dar. Berücksichtigt wird noch das *außerordentliche Ergebnis* (hängt nicht mit dem Betriebszweck zusammen) und die *Steuern*. Aus diesen Positionen errechnet sich der *Jahresüberschuss* bzw. der *Jahresfehlbetrag*.

2.3　Beispiel für ein produzierendes Unternehmen (Kettlitz)

In Tab. 2.2 ist die GuV eines Beispielunternehmens dargestellt. Es handelt sich um die Firma Kettlitz, einen mittelständischen Zulieferbetrieb für die Automobilindustrie. Seine Produkte sind: mechanische, elektronische und computerunterstützte Komponenten im Bereich der Türen und Dächer von PkW. Es werden vor allem mechanische und elektrische Fensterheber, Schiebedächer und Sitzverstellungen hergestellt. In der Tab. 2.2 ist das Jahr 2 das aktuelle Jahr und das Jahr 1 das Vorjahr. Aus der GuV ist zu erkennen, dass sich der Umsatz von 18.557.500,- € im Vorjahr auf 21.518.000,- € erhöht hat (Steigerung um 16 %). Das Ergebnis ist im selben Zeitraum von 1.229.600,- € auf 1.840.600,- € gestiegen (um 600.000,- € oder um etwa 50 %).

Im unteren Teil der Tabelle sind einige Kennzahlen ausgerechnet, die in Abschn. 5 näher erläutert werden.

Um Abweichungen innerhalb eines Monats feststellen zu können, wird die GuV monatlich erstellt. Dabei ist es sinnvoll, wie in Tab. 2.3, die Monatszahlen zusammenzustellen und außerdem die kumulierten, d. h. die bis zum aktuellen Monat aufgelaufenen Werte für das entsprechende Jahr. Ebenfalls sinnvoll ist es, die prozentualen Anteile der Aufwendungen an den Umsatzerlösen mit anzugeben. Auf diese Weise können Abweichungen schnell erkannt werden, so dass sofortige Abhilfemaßnahmen eingeleitet werden können.

Aus Tab. 2.3 ist zu erkennen, dass das Betriebsergebnis im Monat März − 180.580,- € beträgt (bezogen auf den Umsatz: − 27,61%). Insgesamt beträgt das Betriebsergebnis bis einschließlich März − 290.340,- € oder − 12,57 % vom Umsatz. Die positiven Finanzgeschäfte konnten den betrieblichen Verlust mindern. Insgesamt ist bis jetzt im laufenden Jahr eine negative Umsatzrendite in Höhe von − 2,22 % enstanden; vor allem deshalb, weil der Monat März so schlecht war. Der

Tab. 2.2 GuV des produzierenden Unternehmens Kettlitz (eigene Darstellung)

Gewinn- und Verlustrechnung eines produzierenden Unternehmens

			Jahr 1	Jahr 2
1.		Umsatzerlöse	18.557.500	21.518.000
2.	"+/−"	Erhöhung oder Verminderung des Bestands an fertigen und unfertigen Erzeugnissen	180.300	216.000
3.	"+"	Andere aktivierte Eigenleistungen		
4.	"+"	Sonstige betriebliche Erträge	166.800	282.600
		Summe Gesamterlöse	18.904.600	22.016.600
5.	"−"	Materialaufwand		
		a) für Roh-, Hilfs- und Betriebsstoffe und für bezogene Waren	5.680.400	6.388.900
		b) für bezogene Leistungen	802.600	872.400
		Summe Materialaufwand	6.483.000	7.261.300
		Rohergebnis (Gesamterlöse - Materialaufwand)	12.421.600	14.755.300
6.	"−"	Personalaufwand		
		a) Löhne und Gehälter	5.094.400	6.000.600
		b) Soziale Abgaben und Aufwendungen für Altersversorgung und Unterstützung	1.373.600	1.839.400
		Summe Personalaufwand	6.468.000	7.840.000
7.	"−"	Abschreibungen		
		a) auf immaterielle Vermögensgegenstände, Sachanlagen	2.038.600	2.198.000
		b) auf Ulaufvermögen	134.400	102.000
		Summe Abschreibungen	2.173.000	2.300.000
8.	"−"	Sonstige betriebliche Aufwendungen	1.444.300	595.300
		Summe betriebliche Aufwendungen außer Materialaufwand	10.085.300	10.735.300
		Betriebsergebnis	2.336.300	4.020.000
9.	"+"	Erträge aus Beteiligungen	10.800	20.300
10.	"+"	Erträge aus anderen Wertpapieren		
11.	"+"	Sonstige Zinsen und ähnliche Erträge	148.400	104.200
12.	"−"	Abschreibungen auf Finanzanlagen und Wertpapiere		
13.	"−"	Zinsen und ähnliche Aufwendungen	193.200	257.400
		Finanzergebnis	− 34.000	− 132.900
14.		*Ergebnis der gewöhnlichen Geschäftstätigkeit*	2.302.300	3.887.100

Tab. 2.2 (Fortsetzung)

Gewinn- und Verlustrechnung eines produzierenden Unternehmens

			Jahr 1	Jahr 2
15.	"+"	Außerordentliche Erträge	*100.000*	*79.000*
16.	"−"	Außerordentliche Aufwendungen		
17.		*Außerordentliches Ergebnis*	*100.000*	*79.000*
18.	"−"	Steuern vom Einkommen und vom Ertrag	1.121.000	2.062.200
19.	"−"	Sonstige Steuern	51.700	63.300
		Summe Abgaben	*1.172.700*	*2.125.500*
20.		*Jahresüberschuß/Jahresfehlbetrag*	*1.229.600*	*1.840.600*
Anzahl Mitarbeiter			70	75
Gesamtkapital			15.556.900	18.862.100
Kennzahlen				
Betriebsergebnis			125 %	127 %
Gesamtkapitalrentabilität			9,15 %	11,12 %
Personalaufwand			34,21 %	35,61 %
Materialaufwand			34,29 %	32,98 %
Umsatzrentabilität			6,50 %	8,36 %
Kapitalumschlag			122 %	117 %
ROI			7,90 %	9,76 %
Cash-Flow-Quote			25,47 %	30,97 %
Pro-Kopf-Umsatz			270.066	293.555
Pro-Kopf-Wertschöpfung			125.776	158.133
Pro-Kopf-Personalaufwand			92.400	104.533

Verlust im Monat März ist mit − 88.260,- € erheblich. Da in den beiden Vormonaten Januar und Februar geringe Gewinne erwirtschaftet wurden, beträgt der Verlust insgesamt lediglich − 50.840,- €. Es muss dafür gesorgt werden, dass vor allem die Umsatzzahlen in den folgenden Monaten deutlich ansteigen. Nur dann wird das Unternehmen mit einem positiven Jahresüberschuss abschließen können. Eine einfache Rechnung mag das veranschaulichen. Bis einschließlich März wurd ein Umsatz von 2.286.700,- € getätigt. Bei einem geplanten Umsatz von etwa 22.000.000,- € sind das erst 10,4 % dieses Betrages. Dabei sind bereits 25 % des Jahres vergangen. In den nächsten 9 Monaten müssen also knapp 20.000.000,- € Umsatz erwirtschaftet werden, d. h. im Schnitt etwa 2.222.000,- € pro Monat. Das ist etwa so viel, wie der Umsatz bis einschließlich März des betrachteten Jahres.

Tab. 2.3 GuV monatlich und kumuliert (eigene Darstellung)

GuV das Unternehmen monatlich und kumuliert

			lfd. Monat-März	Prozent (%)	Jahr	Prozent (%)
1.		Umsatzerlöse	650.700	99,51	2.286.700	99,75
2.	"+/−"	Erhöhung oder Verminderung des Bestands an fertigen und unfertigen Erzeugnissen				
3.	"+"	Andere aktivierte Eigenleistungen				
4.	"+"	Sonstige betriebliche Erträge	3.200	0,49	5.700	0,25
		Summe Gesamterlöse	653.900	100	2.292.400	100
5.	"−"	Materialaufwand				
		a) für Roh-, Hilfs- und Betriebsstoffe und für bezogene Waren	56.000	8,56	180.000	7,85
		b) für bezogene Leistungen	211.800	32,39	657.800	28,69
		Summe Materialaufwand	267.800	40,95	837.800	36,55
		Rohergebnis (Gesamterlöse - Materialaufwand)	386.100	59,05	1.454.600	63,45
6.	"−"	Personalaufwand				
		a) Löhne und Gehälter	298.200	45,60	894.600	39,02
		b) Soziale Abgaben und Aufwendungen für Altersversorgung und Unterstützung	89.460	13,68	357.840	15,61
		Summe Personalaufwand	387.660		1.252.440	54,63
7.	"−"	Abschreibungen				
		a) auf immaterielle Vermögensgegenstände, Sachanlagen	92.000	14,07	275.000	12,00
		b) auf Umlaufvermögen	12.500	1,91	37.500	1,64
		Summe Abschreibungen	104.500	15,98	312.500	13,63
8.	"−"	Sonstige betriebliche Aufwendungen	74.500	11,39	180.000	7,85
		Summe betriebliche Aufwendungen außer Materialaufwand	566.660	86,66	1.744.940	76,12
		Betriebsergebnis	− 180.560	− 27,61	− 290.340	− 12,67

Tab. 2.3 (Fortsetzung)

GuV das Unternehmen monatlich und kumuliert

			lfd. Monat-März	Prozent (%)	Jahr	Prozent (%)
9.	"+"	Erträge aus Beteiligungen	40.000	6,12	120.000	5,23
10.	"+"	Erträge aus anderen Wertpapieren	3.900	0,60	24.500	1,07
11.	"+"	Sonstige Zinsen und ähnliche Erträge	56.000	8,56	120.000	5,23
12.	"−"	Abschreibungen auf Finanzanlagen und Wertpapiere	1.200	0,18	12.000	0,52
13.	"−"	Zinsen und ähnliche Aufwendungen	5.000	0,76	15.000	0,65
		Finanzergebnis	*93.700*	*14,33*	*237.500*	*10,36*
14.		*Ergebnis der gewöhnlichen Geschäftstätigkeit*	*− 86.860*	*− 13,28*	*− 52.840*	*− 2,31*
15.	"+"	Außerordentliche Erträge	3.000	0,46	20.000	0,87
16.	"−"	Außerordentliche Aufwendungen	200	0,03	3.000	0,13
17.		*Außerordentliches Ergebnis*	*2.800*	*0,43*	*17.000*	*0,74*
18.	"−"	Steuern vom Einkommen und vom Ertrag	4.200	0,64	15.000	0,65
19.	"−"	Sonstige Steuern				
		Summe Abgaben	*4.200*	*0,64*	*15.000*	*0,65*
20.		*Jahresüberschuss/ Jahresfehlbetrag*	*− 88.260*	*− 13,50*	*− 50.840*	*− 2,22*

2.4 Beispiel für ein Dienstleistungsunternehmen (CADStar)

In Tab. 2.4 ist die Gewinn- und Verlustrechnung für ein Dienstleistungsunternehmen, dem IT-Systemhaus CADStar zusammengestellt.

Tab. 2.4 GuV des Dienstleistungsunternehmens CADStar (eigene Darstellung)

Gewinn- und Verlustrechnung der Firma CADSTAR

			Jahr 1	Jahr 2
1.		Umsatzerlöse	13.320.000	16.500.000
2.	"+/−"	Erhöhung oder Verminderung des Bestands an fertigen und unfertigen Erzeugnissen	800.000	960.000
3.	"+"	Andere aktivierte Eigenleistungen		
4.	"+"	Sonstige betriebliche Erträge		
		Summe Gesamterlöse	14.120.000	17.460.000
5.	"−"	Materialaufwand		
		a) für Roh-, Hilfs- und Betriebsstoffe und für bezogene Waren	2.528.250	3.125.000
		b) für bezogene Leistungen	2.494.800	3.090.000
		Summe Materialaufwand	5.023.050	6.215.000
		Rohergebnis (Gesamterlöse - Materialaufwand)	9.096.950	11.245.000
6.	"−"	Personalaufwand		
		a) Löhne und Gehälter	3.876.600	5.670.900
		b) Soziale Abgaben und Aufwendungen für Altersversorgung und Unterstützung	1.162.980	1.701.270
		Summe Personalaufwand	5.039.580	7.372.170
7.	"−"	Abschreibungen		
		a) auf immaterielle Vermögensgegenstände, Sachanlagen	1.100.000	1.200.000
		b) auf Umlaufvermögen	150.000	200.000
		Summe Abschreibungen	1.250.000	1.400.000
8.	"−"	Sonstige betriebliche Aufwendungen		
		Summe betriebliche Aufwendungen außer Materialaufwand	6.289.580	8.772.170
		Betriebsergebnis	2.807.370	2.472.830
9.	"+"	Erträge aus Beteiligungen	280.000	120.000
10.	"+"	Erträge aus anderen Wertpapieren	120.000	80.000
11.	"+"	Sonstige Zinsen und ähnliche Erträge	60.000	30.000
12.	"−"	Abschreibungen auf Finanzanlagen und Wertpapiere	30.000	15.000
13.	"−"	Zinsen und ähnliche Aufwendungen	984.446	5.000

Tab. 2.4 (Fortsetzung)

Gewinn- und Verlustrechnung der Firma CADSTAR

			Jahr 1	Jahr 2
		Finanzergebnis	*− 554.446*	*210.000*
14.		*Ergebnis der gewöhnlichen Geschäftstätigkeit*	*2.252.924*	*2.682.830*
15.	"+"	Außerordentliche Erträge	120.000	80.000
16.	"−"	Außerordentliche Aufwendungen	240.000	50.000
17.		*Außerordentliches Ergebnis*	*− 120.000*	*30.000*
18.	"−"	Steuern vom Einkommen und vom Ertrag	657.208	560.000
19.	"−"	Sonstige Steuern	355.248	280.800
		Summe Abgaben	*1.012.456*	*840.800*
20.		*Jahresüberschuss/Jahresfehlbetrag*	*1.120.468*	*1.872.030*
Anzahl Mitarbeiter			53	60
Gesamtkapital			12.969.448	15.396.687
Kennzahlen				
Betriebsergebnis			132.37	121.44
Gesamtkapitalrentabilität			16.23 %	12.19 %
Personalaufwand			35.69 %	42.22 %
Materialaufwand			35.57 %	35.60 %
Umsatzrentabilität			7.94 %	10.72 %
Kapitalumschlag			108.87 %	113.40 %
ROI			8.64 %	12.16 %
Cash-Flow-Quote			20.29 %	22.62 %
Pro-Kopf-Umsatz			266.415	291.000
Pro-Kopf-Wertschöpfung			148.056	164.083
Pro-Kopf-Personalaufwand			95.086	122.870

Bilanz 3

Eine Bilanz stellt die *Vermögenslage* eines Unternehmens auf der *Aktivseite* der *Kapitalausstattung* auf der *Passivseite* gegenüber. Inbesondere geht dabei hervor, mit welchen *Finanzmitteln* (Eigen- bzw. Fremdkapital auf der Passivseite) das Vermögen erwirtschaftet wurde.

3.1 Aufgaben der Bilanz

Eine Bilanz legt Rechenschaft über den Erfolg eines Unternehmens ab. Insbesondere wendet sie sich an folgende Personengruppen:

- *Geschäftsführung*
  In Klein- und Mittelbetrieben ist dies meist das einzige vollständige und systematisch zusammengestellte Zahlenwerk. Es bietet der Geschäftsführung wichtige Einsichten in die Vermögenslage und die Kapitalausstattung eines Unternehmens.
- *Gesellschafter*
  Sie erwarten einen Rechenschaftsbericht über die wirtschaftliche Verwendung des eingesetzten Kapitals.
- *Banken*
  Für die Banken ist es wichtig zu wissen, wie sicher ihre Kredite sind und welcher zukünftige Kreditrahmen für die Entwicklung des Unternehmens bereitgestellt werden muss.
- *Kunden*
  Die Kunden sind daran interessiert, möglichst stabile und langfristige Beziehungen zu ihren Geschäftspartnern unterhalten zu können. Deshalb sind

E. Hering, *Gewinn- und Verlustrechnung (GuV) und Bilanz für Ingenieure*, essentials, DOI 10.1007/978-3-658-06292-7_3, © Springer Fachmedien Wiesbaden 2014

für sie Informationen über Stabilität und Zukunftssicherheit des betreffenden Unternehmens von größter Bedeutung.

3.2 Gliederung der Bilanz und Beispiel

Die Gliederung der Bilanz ist für Kapitalgesellschaften nach § 266 Abs. 2 und 3 im HGB vorgeschrieben (Abb. 3.1). Kleine Kapitalgesellschaften können eine verkürzte Bilanz vorlegen. In ihr werden lediglich die mit Buchstaben und römischen Ziffern bezeichneten Posten aufgeführt. In Abb. 3.1 zeigen die Pfeile links und rechts der Abbildung an, dass die Anordnung des Vermögens von langfristig (Anlagevermögen und Eigenkapital) zu kurzfristig (Umlaufvermögen und Fremdkapital) erfolgt.

▶ **Aktivseite** Auf der *Aktivseite* findet eine Gliederung hauptsächlich in

*   Anlagevermögen und
*   Umlaufvermögen

statt.

Zum *Anlagevermögen* zählen alle Vermögensgegenstände, die aus *betrieblicher Sicht Gebrauchsgüter* sind, d. h. mehrmals im Unternehmen benutzt werden (z. B. Maschinen und Anlagen). Zum *Umlaufvermögen* werden die Gegenstände gerechnet, die *Verbrauchsgüter* sind, d. h. nur *einmal* im Unternehmen eingesetzt werden (z. B. Rohstoffe, Material, Halbzeuge und Betriebsstoffe).

▶ **Anlagespiegel** Die Entwicklung der einzelnen Gegenstände des Anlagevermögens müssen im *Anlagenspiegel* zusammengestellt werden. Wie Tab. 3.1 zeigt, werden dabei die Herstellkosten erfasst, ferner die Zu- und Abgänge sowie die Umbuchungen und Abschreibungen.

Tabelle 3.2 zeigt die Bilanz der Firma Kettlitz.

Zu einigen wichtigen Posten, deren Bedeutung nicht unmittelbar aus der Formulierung hervorgeht, werden nähere Erläuterungen ausgeführt. Für die Aktivseite der Bilanz sind dies die folgenden Posten:

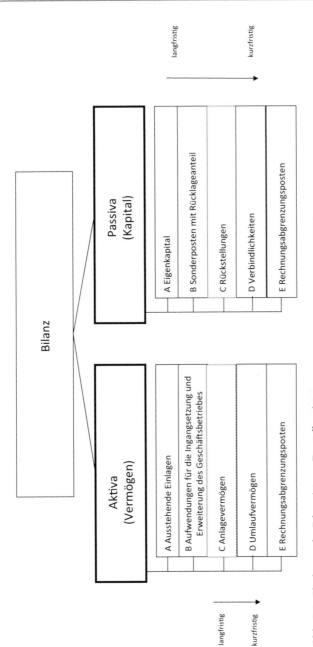

Abb. 3.1 Gliederung der Bilanz (eigene Darstellung)

Tab. 3.1 Anlagespiegel des produzierenden Unternehmens Kettlitz

Bilanzposten	Herstellungs- kosten	Zugänge	Abgänge	Umbuchungen	Abschrei- bungen kumuliert	Buchwert Abschluss- jahr	Buchwert Vorjahr	Abschrei- bungen Abschlussjahr
A. Aufwendungen für Erweiterung des Geschäftsbetriebs		28.600				28.600		
B. Anlagevermögen I. Immaterielle Vermögensg.								
1. Lizenzen	654.900	382.400	38.600		337.300	661.400	480.600	196.600
2. Geschäfts- oder Firmenwert		596.000			149.000	447.000		149.000
II. Sachanlagen								
1. Grundstücke und Bauten	12.620.400	2.321.000			8.600.600	6.340.800	4.960.400	940.600
2. Technische Anlagen	5.380.600	906.200	304.300		3.122.300	2.860.200	2.480.200	506.200
3. Betriebs- und Geschäftsausst.	3.240.000	576.200	326.400		2.809.200	680.600	540.000	405.600
III. Finanzanlagen								
1. Anteile an verbundenen Unternehmen		1.420.800				1.420.800		
2. Beteiligungen	120.300					120.300	120.000	− 300
Summe	*22.016.200*	*6.231.200*	*669.300*	*0*	*15.018.400*	*12.559.700*	*8.581.200*	*2.197.700*

Tab. 3.2 Bilanz des produzierenden Unternehmens Kettlitz (eigene Darstellung)

Bilanz des produzierenden Unternehmens Kettlitz

Aktivseite

		Jahr 01	Jahr 02
A.	Ausstehende Einlagen		
	davon eingefordert:		
B.	Aufwendungen für die Ingangsetzung und Erweiterung des Geschäftsbetriebes		28.600
C.	Anlagevermögen		
I.	Immaterielle Vermögensgegenstände		
	1. Konzessionen, gewerbliche Schutzrechte und ähnliche Rechte und Werte sowie Lizenzen		661.400
	2. Geschäfts- oder Firmenwert	480.600	447.000
	3. geleistete Anzahlungen		
	Summe immaterielle Vermögensgegenstände	480.600	1.108.400
II.	Sachanlagen		
	1. Grundstücke, grundstücksgleiche Rechte und Bauten einschließlich der Bauten auf fremden Grundstücken	4.960.400	6.340.800
	2. technische Anlagen und Maschinen	2.480.200	2.860.200
	3. andere Anlagen, Betriebs- und Geschäftsausstattung	540.000	680.600
	4. geleistete Anzahlungen und Anlagen im Bau		
	Summe Sachanlagen	7.980.600	9.881.600
III.	Finanzanlagen		
	1. Anteile an verbundenen Unternehmen		1.420.800
	2. Ausleihungen an verbundene Unternehmen		
	3. Beteiligungen	120.300	120.300
	4. Ausleihungen an Unternehmen, mit denen ein Beteiligungsverhältnis besteht	120.300	120.300
	5. Wertpapiere des Anlagevermögens		
	6. sonstige Ausleihungen		
	Summe Finanzanlagen	120.300	1.541.100
	Summe Anlagevermögen	8.581.500	12.559.700
D. I.	Vorräte		
	1. Roh-, Hilfs- und Betriebsstoffe	886.400	982.300
	2. unfertige Erzeugnisse, unfertige Leistungen	280.300	320.600
	3. fertige Erzeugnisse und Waren	140.600	480.700
	4. geleistete Anzahlungen	80.400	50.100
	Summe Vorräte	1.387.700	1.833.700
II.	Forderungen und sonstige Vermögensgegenstände		
	1. Forderungen aus Lieferungen und Leistungen	2.600.600	2.650.200
	davon mit einer Laufzeit von mehr als 1 Jahr		
	2. Forderungen gegen verbundene Unternehmen		250.100
	davon mit einer Restlaufzeit von mehr als 1 Jahr		
	3. Forderungen gegen Unternehmen, mit denen ein Beteiligungsverhältnis besteht		
	davon mit einer Restlaufzeit von mehr als 1 Jahr		
	4. Sonstige Vermögensgegenstände	90.400	80.400

Passivseite

		Jahr 01	Jahr 02
A.	Eigenkapital		
I.	Gezeichnetes Kapital	4.000.000	8.000.000
II.	Kapitalrücklage	1.600.000	1.600.000
III.	Gewinnrücklagen		
	1. gesetzliche Rücklage	1.700.500	560.200
	2. Rücklage für eigene Anteile		
	3. satzungsgemäße Rücklagen		
	4. andere Gewinnrücklagen		
	Summe Gewinnrücklagen	1.700.500	560.200
IV.	Gewinnvortrag/Verlustvortrag	32.200	32.200
V.	Jahresüberschuss/Jahresfehlbetrag	1.229.600	1.840.600
B.	Sonderposten mit Rücklageanteil	1.670.200	1.800.400
C.	Rückstellungen		
	1. Rückstellungen für Pensionen und ähnliche Verpflichtungen	1.230.400	1.400.600
	2. Steuerrückstellungen	408.600	520.400
	3. Rückstellungen für latente Steuern	0	0
	4. Sonstige Rückstellungen	1.070.300	1.000.500
	Summe Rückstellungen	2.709.300	2.921.500
D.	Verbindlichkeiten		
	1. Anleihen		
	davon konvertibel		
	2. Verbindlichkeiten gegenüber Kreditinstituten	1.430.000	1.880.000
	davon Restlaufzeit bis zu 1 Jahr	252.000	351.000
	3. erhaltene Anzahlungen auf Bestellungen	30.250	12.350
	davon Restlaufzeit bis zu 1 Jahr	27.000	68.000
	4. Verbindlichkeiten aus Lieferungen und Leistungen	62.300	55.000
	davon Restlaufzeit bis zu 1 Jahr	195.000	305.700
	5. Verbindlichkeiten aus der Annahme gezogener Wechsel und der Ausstellung eigener Wechsel	34.000	90.000
	davon Restlaufzeit bis zu 1 Jahr		
	6. Verbindlichkeiten gegenüber verbundenen Unternehmen	106.700	250.600
	davon Restlaufzeit bis zu 1 Jahr		
	7. Verbindlichkeiten gegenüber Unternehmen, mit denen ein Beteiligungsverhältnis besteht	440.000	666.000
	davon mit einer Restlaufzeit bis zu 1 Jahr	33.400	75.000
	Summe Verbindlichkeiten	2.610.600	3.733.600
E.	Rechnungsabgrenzungskosten	4.500	5.800
	Summe Passiva	14.327.300	17.021.500

Tab. 3.2 (Fortsetzung)

Summe Forderungen	2.691.000	2.980.700
III Wertpapiere		
1. Anteile an verbundenen Unternehmen		
2. eigene Anteile		
3. sonstige Wertpapiere	2.080.400	430.600
Summe Wertpapiere	2.080.400	430.600
IV Schecks, Kassenbestand, Bundesbank- und Postgiroguthaben, Guthaben bei Kreditinstituten	730.700	980.700
Summe Guthaben	730.700	980.700
Summe Umlaufvermögen	6.889.800	6.225.700
E Rechnungsabgrenzungsposten		
I sonstige Rechnungsabgrenzungsposten	85.600	76.700
II Disagio (wahlweise im Anhang)		
Summe Rechnungsabgrenzungsposten	85.600	76.700
Summe Aktiva	15.556.900	18.862.100
G Nicht durch Eigenkapital abgedeckter Fehlbetrag		

Umsatzerlöse	18.904.600	22.016.600
Kennzahlen		
Anlagevermögen-Intensität	55,16%	66,59%
Vorräte-Intensität	8,92%	9,72%
Anteil der Hilfsstoffe an Vorräten	63,88%	53,57%
Anteil unfertige Erzeugnisse an Vorräten	20,20%	17,48%
Anteil fertige Erzeugnisse an Vorräten	10,13%	26,21%
Forderungen zu Umsatzerlösen	14,23%	13,54%
Eigenkapitalquote	55,04%	55,14%
Rückstellungsquote (mit Pensionen)	17,42%	15,49%
Vorfinanzierungsquote	0,57%	0,18%
Anteil kurzfristiges Fremdkapital an Gesamtkapital	11,53%	15,47%
Anlagendeckung	99,78%	82,81%

- *Immaterielle Vermögensgegenstände*
  Hierzu zählen Konzessionen (z. B. im Gaststättengewerbe oder bei der Personen-
  beförderung), gewerbliche Schutzrechte (z. B. Patente und Gebrauchsmuster)
  und ähnliche Rechte (z. B. Wegerecht, Fischereirecht oder Rechte zum Bezug
  von Aktien) und ähnliche Werte (z. B. Kundenkartei oder ungeschützte Er-
  findungen) sowie Lizenzen. Der Geschäfts- und Firmenwert ist die Differenz
  zwischen Gesamtvermögen des Unternehmens und der Summe der einzelnen Vermögensgegenstände. Es handelt sich um einen *ideellen* Wert, der nur
  aktiviert werden darf, wenn er käuflich erworben wurde.
- *Unfertige Erzeugnisse, unfertige Leistungen*
  Dazu zählen alle Erzeugnisse, deren Herstellungsprozess noch nicht abgeschlossen ist (z. B. selbst produzierte Halbfabrikate, die weiterverarbeitet werden) oder
  Dienstleistungen, die noch nicht abgeschlossen sind.
- *Rechnungsabgrenzungsposten*
  Dazu zählen alle Ausgaben, die vor dem Bilanzstichtag für einen Aufwand ge-
  tätigt wurden, der nach dem Bilanzstichtag liegt (z. B. Vorauszahlungen für
  Zinsen, Mieten oder Versicherungsprämien).

▶ **Passivseite** Die *Passivseite* gibt die Finanzmittel an und ist gegliedert in
- Eigenkapital und
- Fremdkapital.

Zum besseren Verständnis werden einige Posten näher erklärt.

- *Kapitalrücklage*
  Es handelt sich nach § 272 Abs. 2 HGB um folgende Zuzahlungen durch den
  Kapitalgeber:
  1. Agio, das ist der Preisaufschlag, der den Nennwert der Aktien bzw. der
     Anteile übersteigt.
  2. Betrag, der bei der Ausgabe von Schuldverschreibungen für Wandlungs-
     und Optionsrechte zum Erwerb von Anteilen erzielt wird.
  3. Betrag von Zuzahlungen, welche die Gesellschafter für die Gewährung von
     Vorzügen ihrer Anteile leisten.
  4. Betrag von anderen Zuzahlungen der Gesellschafter (z. B. Nachschüsse, d. h.
     Erhöhung des Gesellschafterkapitals, deren Einzug festliegt und mit deren
     Zahlung gerechnet werden kann).

- *Sonderposten mit Rücklageanteil*
  Hierbei unterscheidet man zwei Fälle:
  1. Steuerfreie Rücklagen. Das sind beispielsweise Rücklagen nach § 6b EStG und die Rücklage für Ersatzbeschaffung nach Abschn. 35 EStG.
  2. Unterschiedsbetrag zwischen steuerlichen und handelsrechtlichen Abschreibungen (z. B. Sonderabschreibungen in den neuen Bundesländern).

  Der Sonderposten Rücklageanteil steht zwischen Eigenkapital und Fremdkapital, was seiner Mischstellung entspricht. Denn dieser Posten wird erst bei der Auflösung versteuert.

  Der Sonderposten muss nach Steuerrecht aufgelöst werden, wenn beispielsweise der Begünstigungszeitraum abgelaufen oder das begünstigte Wirtschaftsgut veräußert wird (z. B. Verkauf einer mit Steuermitteln geförderten Maschine).

- *Rückstellungen*
  Rückstellungen sind *Verpflichtungen,* deren Eintritt nach Zeitpunkt und Höhe noch unbestimmt sind. Das sind im wesentlichen Rückstellungen für Pensionen und Steuern.
- *Sonstige Rückstellungen*
  Dazu gehören die Rückstellungen, die nicht die Pensionen oder die Steuern betreffen. Beispielsweise Rückstellungen für drohende Verluste aus laufenden Geschäften, für Prozesskosten, für Verträge oder Kulanzgarantien, für Rechts- und Beratungskosten oder für unterlassene Instandhaltung.
- *Rechnungsabgrenzungsposten*
  Darunter fallen Einnahmen, die vor dem Bilanzstichtag eingegangen sind, aber Erträge nach diesem Termin betreffen (z. B. im voraus erhaltene Miete).

In Tab. 3.2 ist auf der rechten Seite die Passivseite einer Bilanz zu sehen mit den Daten für das aktuelle Jahr (Jahr 02) im Vergleich zum Vorjahr (Jahr 01). Die Auswertung der Bilanz durch Kennzahlen wird in Abschn. 5 vorgenommen.

▶ **Anhang zur Bilanz** Der Anhang gibt nach §§ 284 bis 288 HGB zusätzliche Erläuterungen zu den einzelnen Bilanzposten, insbesondere den Methoden zur Bewertung und zur Währungsumrechnung.

Die Beispielfirma Kettlitz ist, wie bereits erwähnt, ein mittelständischer Zulieferbetrieb für die Automobilindustrie mit mechanischen, elektronischen und computerunterstützten Elementen. Es werden vor allem mechanische und elektrische Fensterheber, Schiebedächer und Sitzverstellungen hergestellt.

Die Gliederung eines Anhangs wird im Folgenden exemplarisch für das Unternehmen Kettlitz vorgestellt:

A. *Allgemeine Erläuterungen*

I. *Bilanzierungs- und Bewertungsmethoden (§ 284 Abs. 2 HGB)*

1. In den Herstellkosten sind die aktivierungsfähigen Aufwendungen nach steuerlichen Vorschriften enthalten.

2. Die Abschreibungen richten sich nach den gültigen AfA-Tabellen. Es wurde die degressive Abschreibungsmethode (unter Berücksichtigung des steuerlichen Höchstsatzes) angewandt mit der Absicht, später auf die lineare Abschreibung zu wechseln.

3. Außerplanmäßige Abschreibungen nach § 253 Abs. 2 Satz 3 HGB wurden auf Bauten vorgenommen.

4. Geringwertige Wirtschaftsgüter des Anlagevermögens werden im Zugangsjahr voll abgeschrieben.

5. Bei der Bewertung der Vorräte wird das Lifo-Verfahren (Last-in-first-out) angewandt. Bei den Hardware-Komponenten musste wegen des Preisverfalls das Niedrigstwertprinzip gemäß § 253 Abs. 3 Satz 1 und 2 angewandt werden.

II. *Währungsumrechnung (§ 284 Abs. 2 Nr. 2 HGB)*

Forderungen und Verbindlichkeiten in fremden Währungen werden nach den Tageskursen abgerechnet, soweit nicht ein gesunkener Wechselkurs eine Abwertung der Forderung oder ein gestiegener Kurs eine Höherbewertung der Verbindlichkeiten erforderlich macht.

B. *Erläuterungen zur GuV-Rechnung und zur Bilanz*

I. *GuV-Rechnung*

1. Angabe nach § 277 Abs. 3 HGB: Außerplanmäßige Abschreibungen nach § 253 Abs. 2 Satz 3 HGB (dauernde Wertminderung) wurden auf die Computerausstattung in Höhe von 720.600,- € vorgenommen.

2. Der ausgewiesene Jahresüberschuss wird um die Einstellungen in den Sonderposten mit Rücklagenanteil (infolge steuerrechtlicher Abschreibungen) vermindert.

3. Der ausgewiesene Steueraufwand entfällt zu 2 % auf das außerordentliche Ergebnis.

III. *Bilanz*

1. Von der Bilanzierungshilfe nach § 269 HGB (Aufwendungen für die Ingangsetzung und Erweiterung des Geschäftsbetriebs) wurde Gebrauch

gemacht. Sie betreffen die Aufwendungen für die Personalbeschaffung und -ausbildung im Bereich technischer Vertrieb.

2. Angabe nach § 268 Abs. 6 HGB (gesonderter Ausweis in den Rechnungsabgrenzungsposten auf der Aktivseite): Von den aktiven Rechnungsabgernzungsposten entfällt ein Betrag von 18.200,- € (Vorjahr 15.100,- €) auf ein Disagio (§ 250 HGB).

3. In der Bilanz nicht ausgewiesene Pensionsrückstellungen auf Grund von Altzusagen belaufen sich auf 253.000,- €.

4. Die Sonstigen Rückstellungen enthalten vor allem Rückstellungen für Gewährleistungsverpflichtungen (Produkthaftung) und für drohende Verluste aus schwebenden Geschäften.

5. Angabe nach § 268 Abs. 7 HGB (Haftungsverhältnisse): Die Haftungsverhältnisse betreffen ein Wechselobligo in Höhe von 120.000,- €.

▶ **Lagebericht zur Bilanz** Der Lagebericht zeigt den Geschäftsverlauf und die Lage des Unternehmens am Markt. Es werden insbesondere Vorgänge offengelegt, die den Erfolg des Unternehmens besonders beeinflusst haben. Zusätzlich wird ein Ausblick in die zukünftige Entwicklung des Unternehmens vorgestellt, insbesondere in Bezug auf Produkte und Dienstleistungen, Wettbewerber, Kunden und eigenes Personal.

Im Folgenden wird als Beispiel der Lagebericht des Unternehmens Kettlitz vorgestellt

1. *Hauptziele*

Die Umsatzplanungen wurden erreicht und die geplanten Ergebnisse sogar übertroffen.

Die Umsatzerlöse stiegen im Vergleich zum Vorjahr um 2.960.500 € (Steigerungsrate von etwa 16 %). Beigetragen dazu haben insbesondere die Sparte elektrische Fensterheber (Zuwachs von 1.470.500,- €) und Sitzverstellungen (Zuwachs von 1.109200,- €). Die Erlöse aus der Sparte Schiebedächer sind nur um 380.800,- € gestiegen.

Die Kapitalerhöhung um 4 auf 8 Mio. € war ohne die Aufnahme neuer Gesellschafter möglich. Dies unterstreicht die Finanzkraft des Unternehmens und sichert auch in Zukunft die Eigenständigkeit bei weiterem Kapitalbedarf.

2. *Zukünftige Entwicklung*
   Die Erträge in der Sparte Schiebedächer wird weiter zurückgehen. Deshalb ist in den kommenden Jahren an einen Ausbau der ertragreichen Sparten elektrische Fensterheber und Sitzverstellungen geplant. Mit einem geplanten Neubau sollen die hierfür erforderlichen räumlichen Voraussetzungen geschaffen werden. Mit dem Erwerb der englischen Firma MOSS-Components wurde der erste Schritt zu einem Wachstum im europäischen Markt getan. Weitere Unternehmen sollen in Frankreich, in Spanien gekauft und Produktionsstätten in Osteuropa gebaut werden.

3. *Personalentwicklung*
   Im Berichtsjahr wurden die Mitarbeiter von 70 geringfügig auf 75 erhöht. Dabei handelt es sich um jüngere Mitarbeiter im Vertrieb. Für die Ausweitung der europäischen Geschäfte sind keine weiteren Mitarbeiter notwendig; es wurden die geeigneten Mitarbeiter der erworbenen Unternehmen übernommen.
   Durch gezielte Weiterbildungsmaßnahmen werden die Mitarbeiter geschult, um auf dem europäischen Markt unter verschärften Wettbewerbsbedingungen erfolgreich sein zu können.

3.3 Beispiel für ein Dienstleistungsunternehmen (CADStar)

Für das Dienstleistungsunternehmen CADStar werden der Anlagespiegel (Tab. 3.3) und die Bilanz (Tab. 3.4) vorgestellt. In Abschn. 5 werden die entsprechenden Kennzahlen diskutiert.

Tab. 3.3 Anlagespiegel der Firma CADSTAR

Bianzposten	Herstellungs- kosten	Zugänge	Abgänge	Umbuchungen	Abschrei- bungen kumuliert	Buchwert Abschluss- jahr	Buchwert Vorjahr	Abschrei- bungen Abschlussjahr
A. Aufwendungen für Erweiterung des Geschäftsbetriebs								
B. Anlagevermögen								
I. Immaterielle Vermögensg.								
1. Lizenzen	250.700				50.700	200.000	250.700	50.700
2. Geschäfts- oder Firmenwert								
II. Sachanlagen								
1. Grundstücke und Bauten	10.679.000				6.228.952	3.869.607	4.450.048	580.441
2. Technische Anlagen	210.000				70.000	140.000	210.000	70.000
3. Betriebs- und Geschäftsausst.	620.000				370.000	190.000	250.000	60.000
III. Finanzanlagen								
1. Anteile an verbundenen Unternehmen								
2. Beteiligungen	120.000					95.780	120.000	24.220
Summe	*11.879.700*	*0*	*0*	*0*	*6.719.652*	*4.495.387*	*5.280.748*	*785.361*

Tab. 3.4 Bilanz des Dienstleistungsunternehmen CADStar (eigene Darstellung)

Bilanz der Firma CADSTAR

Aktivseite

Aktivseite		Jahr 01	Jahr 02
A	Ausstehende Einlagen davon eingefordert		
B	Aufwendungen für die Ingangsetzung und Erweiterung des Geschäftsbetriebes		
C	**Anlagevermögen**		
I.	immaterielle Vermögensgegenstände		
	1. Konzessionen, gewerbliche Schutzrechte und ähnliche Rechte und Werte sowie Lizenzen	250.700	200.000
	2. Geschäfts- oder Firmenwert		
	3. geleistete Anzahlungen		
	Summe immaterielle Vermögensgegenstände	250.700	200.000
II.	Sachanlagen		
	1. Grundstücke, grundstücksgleiche Rechte und Bauten einschließlich der Bauten auf fremden Grundstücken	4.450.048	3.869.607
	2. technische Anlagen und Maschinen	210.000	140.000
	3. andere Anlagen, Betriebs- und Geschäftsausstattung	250.000	190.000
	4. geleistete Anzahlungen und Anlagen im Bau		
	Summe Sachanlagen	4.910.048	4.199.607
III.	Finanzanlagen		
	1. Anteile an verbundenen Unternehmen		
	2. Ausleihungen an verbundene Unternehmen	120.000	95.780
	3. Beteiligungen		
	4. Ausleihungen an Unternehmen, mit denen ein Beteiligungsverhältnis besteht	350.000	430.000
	5. Wertpapiere des Anlagevermögens		
	6. sonstige Ausleihungen		
	Summe Finanzanlagen	470.000	525.780
	Summe Anlagevermögen	5.630.748	4.925.387
D			
I.	Vorräte		
	1. Roh-, Hilfs- und Betriebsstoffe	30.000	32.000
	2. unfertige Erzeugnisse, unfertige Leistungen		
	3. fertige Erzeugnisse und Waren	480.000	540.000
	4. geleistete Anzahlungen	40.000	60.000
	Summe Vorräte	550.000	632.000
II.	Forderungen und sonstige Vermögensgegenstände		
	1. Forderungen aus Lieferungen und Leistungen	2.560.870	3.780.000
	davon mit einer Laufzeit von mehr als 1 Jahr		
	2. Forderungen gegen verbundene Unternehmen	248.700	345.900
	davon mit einer Restlaufzeit von mehr als 1 Jahr		
	3. Forderungen gegen Unternehmen, mit denen ein Beteiligungsverhältnis besteht	56.000	48.000
	davon mit einer Restlaufzeit von mehr als 1 Jahr		
	4. sonstige Vermögensgegenstände	345.860	560.700

Passivseite

Passivseite		Jahr 01	Jahr 02
A.	**Eigenkapital**		
I.	Gezeichnetes Kapital	50.000	50.000
II.	Kapitalrücklage	200.000	200.000
III.	Gewinnrücklage		
	1. gesetzliche Rücklage		
	2. Rücklage für eigene Anteile		
	3. satzungsgemäße Rücklagen		
	4. andere Gewinnrücklagen	211.000	160.000
	Summe Gewinnrücklagen	411.000	360.000
IV.	Gewinnvortrag/Verlustvortrag	240.000	78.000
V.	Jahresüberschuss/Jahresfehlbetrag	1.371.168	2.072.030
B.	Sonderposten mit Rücklageanteil		
C.	Rückstellungen		
	1. Rückstellungen für Pensionen und ähnliche Verpflichtungen	90.700	92.000
	2. Steuerrückstellungen	45.780	57.320
	3. Rückstellungen für latente Steuern	30.800	20.700
	4. sonstige Rückstellungen		
	Summe Rückstellungen	167.280	170.020
D.	Verbindlichkeiten		
	1. Anleihen davon konvertibel	476.000	340.000
	davon Restlaufzeit bis zu 1 Jahr	204.000	510.000
	2. Verbindlichkeiten gegenüber Kreditinstituten	4.922.000	5.525.000
	davon Restlaufzeit bis zu 1 Jahr	868.000	975.000
	3. erhaltene Anzahlungen auf Bestellungen	114.000	240.000
	davon Restlaufzeit bis zu 1 Jahr	456.000	960.000
	4. Verbindlichkeiten aus Lieferungen und Leistungen	792.800	650.000
	davon Restlaufzeit bis zu 1 Jahr	2.378.000	2.600.000
	5. Verbindlichkeiten aus der Annahme gezogener Wechsel und der Ausstellung eigener Wechsel		
	davon Restlaufzeit bis zu 1 Jahr	80.000	69.700
	6. Verbindlichkeiten gegenüber verbundenen Unternehmen	150.000	320.000
	davon Restlaufzeit bis zu 1 Jahr	368.900	484.000
	7. Verbindlichkeiten gegenüber Unternehmen, mit denen ein Beteiligungsverhältnis besteht	92.000	86.037
	davon Restlaufzeit bis zu 1 Jahr	45.000	60.000
	Summe Verbindlichkeiten	10.946.700	12.819.737
		11.848.980	13.524.657
E.	Rechnungsabgrenzungskosten	34.000	46.900
	Summe Passiva	**13.220.148**	**16.596.687**

Tab. 3.4 (Fortsetzung)

Summe Forderungen	3.209.430	4.734.600
III Wertpapiere		
1 Anteile an verbundenen Unternehmen		
2 eigene Anteile		
3 sonstige Wertpapiere	54.000	68.000
Summe Wertpapiere	54.000	68.000
IV Schecks, Kassenbestand, Bundesbank- und Postgiroguthaben, Guthaben bei Kreditinstituten	468.540	397.600
Summe Guthaben	468.540	397.600
E. Rechnungsabgrenzungsposten		
I sonstige Rechnungsabgrenzungsposten	98.000	104.500
II Disagio (wahlweise im Anhang)		
Summe Rechnungsabgrenzungsposten	98.000	104.500
Summe Aktiva	13.220.148	15.596.687
G Nicht durch Eigenkapital abgedeckter Fehlbetrag		

Umsatzerlöse	14.120.000	16.500.000
Kennzahlen		
Anlagevermögen-Intensität	56,25%	45,34%
Vorräte-Intensität	4,16%	4,05%
Anteil der Hilfsstoffe an Vorräten	5,45%	5,06%
Anteil unfertige Erzeugnisse an Vorräten	0,00%	0,00%
Anteil fertige Erzeugnisse an Vorräten	87,27%	85,44%
Forderungen zu Umsatzerlösen	22,73%	28,69%
Eigenkapitalquote	15,67%	16,41%
Rückstellungsquote (mit Pensionen)	1,27%	1,09%
Vorfinanzierungsquote	1,02%	1,84%
Anteil kurzfristiges Fremdkapital an Gesamtkapital	37,21%	41,81%
Anlagendeckung	36,80%	51,98%

Internationale Rechnungslegung (US GAP und IAS/IFRS) 4

4.1 Aufgaben

Unternehmen, die am Kapitalmarkt aktiv sind (z. B. international agierende Aktiengesellschaften) müssen einen internationalen Rechnungsabschluss vornehmen. Dazu existieren zwei Systeme:

1. *US-GAAP:* (*United States Generally Accepted Accountig Prinziples*)
   Diese Rechnungslegung ist inbsbesondere für Banken und Versicherungen maßgebend und wird im Folgenden nicht weiter ausgeführt.
2. *IAS* (*International Accounting Standards*)/*IFRS* (*International Financial Reporting Standards*).
   Diese sind im Amtsblatt der Europäischen Union (L 320 vom 29. November 2008) veröffentlicht worden. Diese Vorschriften werden auszugsweise im Folgenden vorgestellt.

4.2 Grundprinzipien

Das Ziel der Rechnungslegung nach IAS/FRS ist, dass die Darstellungen nützlich für anstehende Entscheidungen sind (*decision usefulness*). Der oberste Grundsatz lautet: „True and fair view and presentation". Dies entspricht auch der Forderung des HGB § 264 Abs. 2 nach einem Jahresabschluss, der „ein den tatsächlichen Verhältnissen entsprechendes Bild der Vermögens-, Finanz- und Ertragslage zu vermitteln hat".

E. Hering, *Gewinn- und Verlustrechnung (GuV) und Bilanz für Ingenieure,* essentials,   29
DOI 10.1007/978-3-658-06292-7_4, © Springer Fachmedien Wiesbaden 2014

Der IAS/IFRS-Jahresabschluss muss folgenden *Grundprinzipien* Rechnung tragen:

- Going concern (Fortführung des Unternehmens).
- Accrucial accounting (periodengerechte Gewinnermittlung).
- Understandability (Verständlichkeit).
- Relevance (Maßgeblichkeit, Relevanz).
- Reliability (Zuverlässigkeit und Glaubwürdigkeit). Dazu gehört:
  - Faithful presentation (Wahrheit),
  - Completeness (Vollständigkeit),
  - Free from error (fehlerfrei)
  - Neutrality (Neutralität, Unvoreingenommenheit, Unverzerrtheit),
  - Substance over form (wirtschaftlicher Gehalt ist wichtiger als die Darstellung),
  - Prudence (Vosichtigkjeit, Klugheit).
- Timeliness (Rechtzeitigkeit).
- Comparability (Vergleichbarkeit) und
- Verifiability (Nachprüfbarkeit).

4.3   Bestandteile der IAS/IFRS-Rechnungslegung

Ausgewählte Bestandteile der IAS/IFRS-Rechnungslegung sind in Tab. 4.1 zusammengestellt.

4.4   Aufbau einer Bilanz nach IAS/IFRS

Den Aufbau einer Bilanz nach IAS/IFRS zeigt Tab. 4.2.

Tab. 4.1   Ausgewählte Bestandteile der IAS/IFRS-Rechnungslegung. (Auszug aus: Amtsblatt der Europäischen Union L 320 vom 29. November 2008)

Standard	Bezeichnung (englisch)	Inhalt (deutsch)
IAS 1	Presentation of Financial Statements	Prinzipien der Rechnungslegung
IAS 2	Inventories	Vorräte
IAS 7	Cash Flow Statements	Kapitalflussrechnungen
IAS 10	Events after the Balance Sheet Date	Vorkommnisse nach dem Bilanzstichtag
IAS 11	Construction contracts	Bilanzierung von Fertigungsaufträgen
IAS 12	Income Taxes	Ertragssteuern (effektiv und latent)
IAS 15	Information about effects of changing prices	Informationen über die Auswirkungen von Preisänderungen
IAS 16	Property, plant and equipment	Bewertung von Sachanlagen
IAS 17	Leases	Leasingverhältnisse
IAS 18	Revenue	Erträge
IAS 19	Employees benefits	Leistungen an die Arbeitnehmer
IAS 21	The effects of changes in foreign exchange rates	Auswirkungen von Änderungen der Wechselkurse
IAS 23	Borrowing costs	Fremdkapitalkosten
IAS 26	Accounting and reporting by retirement benefit plans	Bilanzierung und Berichterstattung von Plänen zur Altersvorsorge
IAS 28	Investments in Associates	Anteile an verbundenen Unternehmen
IAS 31	Interests in joint ventures	Anteile an Joint Ventures
IAS 32	Financial instruments: Presentation	Darstellung der Finanzinstrumente
IAS 34	Interim Financial Reporting	Zwischenberichterstattung
IAS 36	Impairment of assets	Wertveränderungen bei Vermögenswerten
IAS 37	Provisions, contingent liabilities and contingent assets	Ansatz und Bewertung von Rückstellungen sowie Eventualforderngen und -schulden
IAS 38	Intangible assets	Immaterielle Vermögenswerte
IAS 39	Financial instruments: Recognition and measurement	Finanzinstrumente: Ansatz und Bewertung
IFRS 1	First-time adoption of IFRS	Erstmalige Anwendung von IFRS
IFRS 2	Share-based payment	Aktienbasierte Vergütung
IFRS 3	Business combinations	Unternehmenszusammenschlüsse
IFRS 4	Insurance contracts	Versicherungsverträge
IFRS 8	Operations segments	Operative Segmente (z. B. Sparten, Geschäftsbereiche, Standorte)

Tab. 4.2 Prinzipieller Aufbau einer Bilanz nach IAS/IFRS. (Quelle: Auszug aus: Amtsblatt der Europäischen Union L 320 vom 29. November 2008)

Assets (Aktiva)	Equity and liabilities (Passiva)
Non-current assets (Anlagevermögen)	*Capital and reserves (Eigenkapital)*
I. Intangible assets	I. Issued Capital
II. Property, plant and equipment	II. Reserves
III. Investment properties	
IV. Financial assets	
V. Deferred tax assets	
Current assets (Umlaufvermögen)	*Non current liabilities (Langfristiges Fremdkapital)*
I. Inventories	I. Interest bearing Borrowings
II. Trade and other receivables	II. Deferred tax liabilities
III. Tarding securities	III. Retirement benefit obligation
IV. Prepaid expenses	
V. Cash and cash equivalents	
	Current liabilities (Kurzfristiges Frendkapital)
	I. Trade and other payables
	II. Short term borrowings
	III. Provisions
	IV. Deferred income

4.5   Kapitalflussrechnung

Die GuV hat den Nachteil, dass Liquiditätsengpässe nicht erkennbar sind. Die Kapitalflussrechnung stellt die Kapitalströme in das Unternehmen und aus dem Unternehmen (Einzahlungen und Auszahlungen) transparent dar. Damit wird die Finanzkraft und die Liquidität eines Unternehmens sichtbar. Abbildung 4.1 zeigt in der oberen Hälfte, dass die Finanzmittel am Ende der Periode höher sind als am Anfang, wenn der Finanzmittelzufluss größer ist als der Finanzmittelabfluss. Ist der Abfluss der Finanzmittel größer als der Zufluss, dann haben sich die Finanzmittel am Ende der Periode verringert (Abb. 4.1 unten). Die Kapitalflussrechnung kann sinnvollerweise auch monatlich und quartalsweise erstellt werden, um die aktuelle finanzielle Situation festzustellen und entsprechende Maßnahmen einzuleiten.

Tabelle 4.3 zeigt ausführlich die Struktur einer Kapitalflussrechnung.

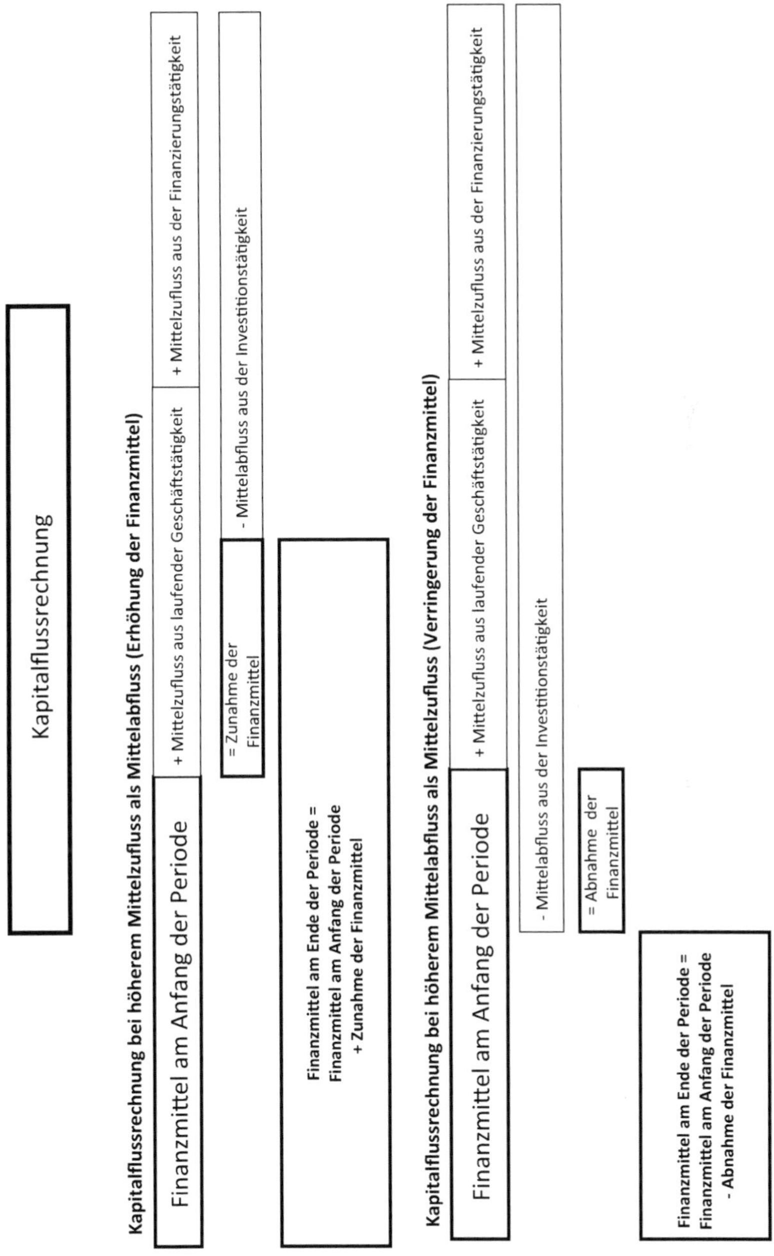

Kapitalflussrechnung bei höherem Mittelzufluss als Mittelabfluss (Erhöhung der Finanzmittel)

Kapitalflussrechnung

Finanzmittel am Anfang der Periode

+ Mittelzufluss aus laufender Geschäftstätigkeit

- Mittelabfluss aus der Investitionstätigkeit

+ Mittelzufluss aus der Finanzierungstätigkeit

= Zunahme der Finanzmittel

**Finanzmittel am Ende der Periode =
Finanzmittel am Anfang der Periode
+ Zunahme der Finanzmittel**

Kapitalflussrechnung bei höherem Mittelabfluss als Mittelzufluss (Verringerung der Finanzmittel)

Finanzmittel am Anfang der Periode

+ Mittelzufluss aus laufender Geschäftstätigkeit

- Mittelabfluss aus der Investitionstätigkeit

+ Mittelzufluss aus der Finanzierungstätigkeit

= Abnahme der Finanzmittel

**Finanzmittel am Ende der Periode =
Finanzmittel am Anfang der Periode
- Abnahme der Finanzmittel**

Abb. 4.1 Prinzipieller Aufbau einer Kapitalflussrechnung. (eigene Darstellung)

Tab. 4.3 Struktur der Kapitalflussrechnung (eigene Darstellung)

1.		Periodenergebnis vor außerordentlichen Posten
2.	"+/−"	Abschreibungen/Zuschreibungen auf das Anlagevermögen
3.	"+/−"	Zunahme/Abnahme der Rückstellungen
4.	"+/−"	sonstige zahlungsunwirksame Aufwendungen/Erträge
5.	"+/−"	Verlust/Gewinn aus dem Abgang von Anlagevermögen
6.	"+/−"	Abnahme der Vorräte, Forderungen aus Lieferungen und Leistungen und anderer Aktiva, die nicht der Investitions- oder Finanzierungstätigkeit zuzuordnen sind
7.	"+/−"	Zunahme/Abnahme der Verbindlichkeiten aus Lieferungen und Leistungen, sowie anderer Passiva, die nicht der Investitions- oder Finanzierungstätigkeit zuzuordnen sind
8.	"+/−"	Ein-und Auszahlungen aus außerordentlichen Positionen
9.		*Cash-Flow aus laufender Geschäftstätigkeit*
10.	"+"	Einzahlungen aus Abgängen des Sachanlagevermögens
11.	"−"	Auszahlungen für Investitionen in das Sachanlagevermögen
12.	"+"	Einzahlungen aus Abgängen des immateriellen Sachanlagevermögens
13.	"−"	Auszahlungen für Investitionen in das immaterielle Sachanlagevermögen
14.	"+"	Einzahlungen aus Abgängen des Finanzvermögens
15.	"−"	Auszahlungen für Investitionen in das Finanzvermögen
16.	"+"	Einzahlungen aus dem Verkauf von konsolidierten Unternehmen und sonstigen Geschäftseinheiten
17.	"−"	Auszahlungen aus dem Erwerb von konsolidierten Unternehmen und sonstigen Geschäftseinheiten
18.	"+"	Einzahlungen auf Grund von Finanzmittelanlagen im Rahmen der kurzfristigen Finanzdisposition
19.	"−"	Auszahlungen auf Grund von Finanzmittelanlagen im Rahmen der kurzfristigen Finanzdisposition
20.		*Cash-Flow aus der Investitionstätigkeit*
21.	"+"	Einzahlungen aus Eigenkapitalzuführungen
22.	"−"	Auszahlungen an Unternehmenseigner und Minderheitsgesellschafter
23.	"+"	Einzahlungen aus der Begebung von Anleihen und der Aufnahme von Finanzkrediten
24.	"−"	Auszahlungen aus der Tilgung von Anleihen und Finanzkrediten
25.		*Cash-Flow aus der Finanzierungstätigkeit*
26.	"+"	Zahlungswirksame Veränderung der Finanzmittel (Summe von 9 + 20 + 25)

Tab. 4.3 (Fortsetzung)

27.	"+/−"	Wechselkurs-, konsolidierungs- und bewertungsbedingte Änderungen des Finanzmittelbedarfes
28.	"+"	Finanzmittel am Anfang der Periode
29.		*Finanzmittel am Ende der Periode (Summe von 26 + 27 + 28)*

Auswertung durch Kennzahlen (Bilanzanalyse)

5

Die *Bilanzanalyse* (auch Bilanzkritik genannt) analysiert den Jahresabschluss eines Unternehmens. Sie bezieht sich dabei auf die GuV-Rechnung, die Bilanz, den Anhang und den Lagebericht. Auch die Kapitalflussrechnung bietet wertvolle Hinweise zur Liquidität des Unternehmens. Bei kapitalmarktorientierten Kapitalunternehmen werden die Informationen aus der Bilanz nach IAS/IFRS herangezogen. Zur Beurteilung des Unternehmens bildet man *Kennzahlen*. Die geben einen wahrheitsgetreuen und präzisen Überblick über die *derzeitige Lage* des Unternehmens und erlauben einen Ausblick auf die *zukünftigen Entwicklungschancen*. Je nach Branche haben die Kennzahlen eine unterschiedliche Aussagekraft. Besonders wichtig ist, die *zeitliche Entwicklung* der Kennzahlen zu beobachten. Nur dann kann eine richtige Analyse erstellt werden, um erfolgversprechende Maßnahmen wirkungsvoll einzuleiten.

5.1 Aufgaben der Kennzahlenauswertung

Im Einzelnen hat die Bilanzanalyse mit Kennzahlen folgende Aufgaben zu erfüllen:

- Beurteilung der Vermögenslage,
- Beurteilung der Kapitalisierung,
- Feststellen der Kreditwürdigkeit,
- Untersuchung der Kostenstruktur,
- Beurteilung der Liquidität und der Sicherheit der Finanzierung,
- Einschätzen der Ertragskraft,
- Einschätzen von Wachstumsmöglichkeiten sowie der Zukunftssicherung des Unternehmens.

E. Hering, *Gewinn- und Verlustrechnung (GuV) und Bilanz für Ingenieure*, essentials, DOI 10.1007/978-3-658-06292-7_5, © Springer Fachmedien Wiesbaden 2014

Mit Kennzahlen wird es möglich, die Daten aus der GuV und der Bilanz sowie die Informationen aus dem Anhang, dem Lagebericht und der Kapitalflussrechnung auszuwerten. Um richtige Schlüsse zu ziehen ist es vor allem wichtig, die *Entwicklung* der Kennzahlen zu verfolgen. Aus den einzelnen Bereichen des Jahresabschlusses können folgende Informationen gewonnen werden:

Informationen aus der GuV-Rechnung Gegenüberstellung von Erträgen und Aufwendungen sowie deren Zusammensetzung.

Informationen aus der Bilanz Die Bilanz zeigt die Bestandteile und die Höhe des Vermögens (Aktiva) sowie die Finanzierung durch Eigen- und Fremdkapital (Passiva).

Informationen aus dem Anhang Zusätzliche Informationen zum Jahresabschluss (z. B. Entwicklung und Zusammensetzung einzelner Posten, Begründung von Maßnahmen und deren Auswirkungen in der Bilanz oder in Zukunft).

Informationen aus dem Lagebericht In ihm wird der Geschäftsverlauf geschildert und besondere Vorkommnisse erläutert (z. B. Neustrukturierung von Unternehmensteilen) und auf die zukünftige Geschäftsentwicklung eingegangen (z. B. Produktinnovationen, Marktentwicklungen, Wettbewerbsverhältnisse und Personalentwicklung).

5.2 Aufbau der Kennzahlenanalyse

Mit Kennzahlen wird die betriebswirtschaftliche Lage eines Unternehmens dargestellt und Entwicklungen aufgezeigt.

Wie Abb. 5.1 zeigt, werden Kennzahlen in folgenden Bereichen ermittelt:

- *Vermögensaufbau*
Es werden die Vermögensanteile an Hand der Zahlen der Aktivseite der Bilanz untersucht (*vertikale Bilanzanalyse der Aktiva*).

- *Kapitalstruktur*
Die Kapitalanteile werden mit den Daten der Passivseite der Bilanz ermittelt (*vertikale Bilanzanalyse der Passiva*).

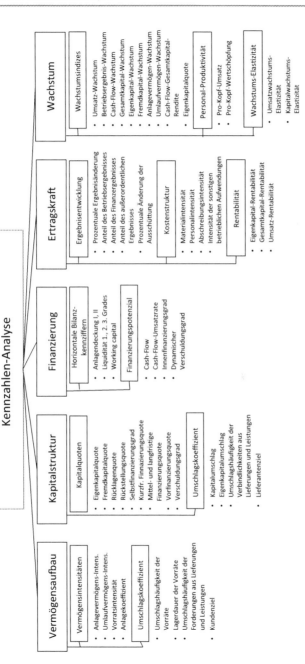

Abb. 5.1 Bereiche einer Kennzahlenanalyse. (eigene Darstellung)

• *Finanzlage*

Hierbei wird eine *horizontale Bilanzanalyse* durchgeführt, d. h. die Vermögens-
werte auf der Aktivseite der Bilanz mit dem Kapital auf der Passivseite verglichen.
Dabei gilt die Regel, dass die Vermögensteile (z. B. das Anlagevermögen und der
eiserne Bestand des Umlaufvermögens) durch langfristiges Kapital, d. h. durch Eigenkapital finanziert werden sollte. Das Umlaufvermögen kann durch lang- bzw.
kurzfristiges Fremdkapital gedeckt sein. Dabei ist vor allem die *Zahlungsfähigkeit*
(Liquidität) eines Unternehmens von besonderer Bedeutung.

• *Ertragskraft*

Die Ertragskraft eines Unternehmens zeigen die verschiedenen Erfolgskomponen-
ten der Ergebnisentwicklung, die Kostenstrukturen und die Rentabilitäten.

• *Wachstum*

Die zeitliche Entwicklung von Umsatzerlösen, Ergebnissen und Kapitaleinsatz
sind wichtige Anhaltspunkte für die Wachstumsmöglichkeiten eines Unternehmens. Wachstumselastizitäten geben an, inwieweit das Unternehmen am
branchenüblichen Wachstum teilgenommen hat.

Es ist an dieser Stelle darauf hinzuweisen, dass nur die bestehenden Zahlen
ausgewertet werden können. Die positive Entwicklung eines Unternehmens ist
aber auch sehr stark von *qualitativen* Eigenschaften abhängig, beispielsweise von
der Qualität des Managements, dem Know-how und der Motivation der Mitarbeiter
sowie vom Betriebsklima.

5.3 Beispiele für eine Kennzahlenanalyse

In Tab. 2.2 (Abschn. 2.3) sind für das produzierende Unternehmen Kettlitz und in
Tab. 2.4 für das Dienstleistungsunternehmen CADStar die Kennzahlen aus der GuV
gebildet worden und in Abschn. 3.2 in den Tab. 3.2 (Unternehmen Kettlitz) und 3.4
(Dienstleistungsunternehmen CADStar) die Kennzahlen aus der Bilanz errechnet
worden. Im Folgenden werden die Kennzahlen des produzierenden Unternehmens Kettlitz untersucht. Die Erkenntnisse können dann auf andere Unternehmen
übertragen werden. Hierbei sind aber Besonderheiten der Branche zu berücksichtigen. Abbildung 5.1 zeigt eine Übersicht über die einzelnen Kennzahlen aus den
betrachteten Bereichen.

⧉ **Kennzahlen zum Vermögensaufbau** Die Kennzahlen im Vermögensbereich der Bilanz (Aktivseite) hängen sehr stark von der Branche ab, in der das Unternehmen tätig ist. Deshalb müssen die branchenüblichen Werte zum Vergleich herangezogen und die Veränderungen der Kennzahlen beobachtet werden.

• *Anlagevermögen-Intensität*
Diese Kennzahl gibt an, wie viel Prozent des Gesamtvermögens im Anlagevermögen gebunden ist.

$$Anlagevermögen - Intensität = \frac{Anlagevermögen}{Gesamtvermögen} * 100.$$

Zähler Anlagevermögen (Immaterielle Vermögensgegenstände C I, Sachanlagen C II und Finanzanlagen C III der Aktivseite der Bilanz).

Nenner Gesamtvermögen (Anlagen- und Umlaufvermögen, korrigiert um die ausstehenden Einlagen auf das Stamm- oder Grundkapital; Pos. B bis G der Aktivseite der Bilanz).

Im Beispielunternehmen ist eine Steigerung der Anlagenintensität von 55,15 % auf 66,59 % festzustellen. Dies liegt an der Erstellung eines Erweiterungsbaus des Unternehmens.

Um genauere Untersuchungen durchführen zu können, kann diese Kennzahl bei Bedarf noch weiter verfeinert werden:

• Anteil des Sachanlagevermögens am Gesamtvermögen und
• Anteil des Finanzanlagevermögens am Gesamtvermögen.

• *Vorrats-Intensität*
Die Vorrats-Intensität gibt den Anteil der Vorräte am Gesamtvermögen an. Er zeigt an, wieviel des Gesamtvermögens als Vorrat gebunden ist.

$$Vorrats - Intensität = \frac{Vorräte}{Gesamtvermögen} * 100.$$

Zähler Vorräte (Pos. D I der Aktivseite der Bilanz).

Nenner Gesamtvermögen (Anlagen- und Umlaufvermögen, korrigiert um die ausstehenden Einlagen auf das Stamm- oder Grundkapital; Pos. B bis G der Aktivseite der Bilanz).

Die Vorrats-Intensität ist um etwa 1 % von 8,92 % auf 9,72 % gestiegen. Vorräte binden Kapital im Unternehmen. Es muss deshalb darauf geachtet werden, dass die Vorräte wieder abgebaut werden, so dass im nächsten Jahr wieder eine Vorrats-Intensität von etwa 8 % erreicht werden kann.

Die nächsten Kennzahlen geben Aufschluss über den Anteil der Vorräte.

- *Anteil der Roh- Hilfs- und Betriebsstoffen an den Vorräten*

Diese Kennzahl errechnet sich folgendermaßen:

$$Anteil\ der\ Hilfsstoffe\ an\ Vorräten = \frac{Roh-, Hifs - und\ Betriebsstoffe}{Vorräte} * 100.$$

Zähler Roh-, Hilfs- und Betriebsstoffe (Pos. D I 1 der Aktivseite der Bilanz).

Nenner Vorräte (Pos. D I der Aktivseite der Bilanz).

Der hohe Anteil der Hilfs- und Betriebsstoffen an den Vorräten konnte um 10 % von 64 % auf 54 % gesenkt werden. Eine weitere Senkung ist anzustreben.

- *Anteil unfertiger Erzeugnisse an den Vorräten*

Für diese Kennzahl gilt:

$$Anteil\ unfertiger\ Erzeugnisse\ an\ Vorräten = \frac{unfertige\ Erzeugnisse}{Vorräte} * 100.$$

Zähler Unfertige Erzeugnisse, unfertige Leistungen (Pos. D I 2 der Aktivseite der Bilanz).

Nenner Vorräte (Pos. D I der Aktivseite der Bilanz).

Wegen der kürzeren Durchlaufzeiten wurden die Anteile der unfertigen Erzeugnisse an den Vorräten weiter verringert (von 20,20 % auf 17,48 %). Eine weitere Senkung ist anzustreben.

- *Anteil fertige Erzeugnisse an den Vorräten*

Die Berechnung erfolgt mit der Formel:

$$Anteil\ fertige\ Erzeugnisse\ an\ Vorräten = \frac{fertige\ Erzeugnisse}{Vorräte} * 100.$$

Zähler Anteil fertige Erzeugnisse an Vorräten (einschließlich Handelsware; Pos. D I 3 der Aktivseite der Bilanz).

Nenner Vorräte (Pos. D I der Aktivseite der Bilanz).

Der Anteil der fertigen Erzeugnisse an den Vorräten ist deutlich angesteigen, und zwar von 10,13 % auf 26,12 %. Die Gründe liegen zum einen in Lieferproblemen und zum anderen im schwachen Absatz bei den Schiebedächern. Es müssen bessere Transportmöglichkeiten gefunden werden. Bei anhaltend schwacher Nachfrage nach Schiebedächer muss die Produktion in dieser Sparte gedrosselt werden.

- *Anlagen-Koeffizient*

Diese Kennziffer zeigt, ob das Anlagevermögen größer oder kleiner als das Umlaufvermögen ist. Er ist sehr stark von der Branche abhängig. Bei verstärkten Investitionen steigt der Anlagenkoeffizient an.

Die Berechnung erfolgt mit der Formel:

$$Anlagenkoeffizient = \frac{Anlagevermögen}{Umlaufvermögen} * 100.$$

Zähler Anlagevermögen (Pos. C der Aktivseite der Bilanz).

Nenner Umlaufvermögen (Pos. D der Aktivseite der Bilanz).

Der Anlagen-Koeffizient ist von 1,2 im Jahr 1 auf 2,02 im Jahr 2 angewachsen. Die Ursachen dafür sind der Neubau der Firma und der Kauf des englischen Komponentenherstellers MOSS-Components.

- *Forderungen zu Umsatzerlösen*

Diese Kennzahl gibt den Anteil der Forderungen am Umsatz an.

$$\frac{Forderungen\ zu}{Umsatzerlösen} = \frac{Forderungen\ aus\ Lieferungen\ und\ Leistungen}{Umsatzerlöse} * 100.$$

Mit Einführung eines Mahnwesens sind die Forderungen zu Umsatzerlösen von 14.23 % geringfügig auf 13,54 % gesunken. Das Mahnwesen muss noch straffer organisiert werden, damit die Zahlungseingänge frühzeitiger erfolgen.

Der *Kehrwert* ist die *Umschlagshäufigkeit* der Forderungen mit folgender Formel:

$$Umschlagshäufigkeit\ der\ Forderungen = \frac{Umsatzerlöse}{Forderungen}.$$

Zähler Umsatzerlöse (Pos. 1 der G+V).

Nenner Forderungen aus Lieferungen und Leistungen (Pos. D II der Aktivseite der Bilanz).

Er gibt an, wie oft die Forderungen zu Umsatz werden. Im Vorjahr lag der Umschlagskoeffizient bei 6,9 und im Berichtsjahr bei 7,2. Je höher diese Kennzahl ist, umso besser ist es für das Unternehmen.

▷ **Kennzahlen zur Kapitalstruktur** Das Kapital besteht aus Eigen- und Fremdkapital. Die Höhe des Eigenkapitals ist besonders wichtig, weil dieses dem Unternehmen langfristig und unabhängig zur Verfügung steht. Das Fremdkapital stammt von fremden Geldgebern und ist in der Regel zeitlich begrenzt im Unternehmen. Abbildung 5.1 zeigt eine Zusammenstellung der Kennzahlen.

• *Eigenkapitalquote*
Diese Kennzahl gibt den Eigenkapitalanteil am Gesamtkapital an.

$$Eigenkapitalquote = \frac{Eigenkapital}{Gesamtkapital} * 100.$$

Zähler Eigenkapital (Pos. A der Passivseite der Bilanz).

Nenner Gesamtkapital (Summe Aktiva: Pos. A bis E der Aktivseite der Bilanz).

Die Eigenkapitalquote des Beispielunternehmens liegt bei 55,04 % bzw. 55,14 %. Dies ist ungewöhnlich hoch und bedeutet, dass das Unternehmen sehr stabil in Rezessionszeiten sein wird. Es ist auch relativ unabhängig von fremden Geldgebern wie den Banken. Dies schafft die Basis für das geplante Wachstum im europäischen und internationalen Markt.

• *Rückstellungsquote (mit Pensionsrückstellungen)*
Der Anteil der Rückstellungen (einschließlich Pensionsrückstellungen) am Gesamtkapital wird mit dieser Kennziffer beschrieben.

$$Rückstellungsquote = \frac{Rückstellungen}{Gesamtkapital} * 100.$$

Zähler Rückstellungen (Pos. C der Passivseite der Bilanz).

Nenner Gesamtkapital (Summe Aktiva – Pos. A bis E der Aktivseite der Bilanz).

Die Rückstellungsquote beim betrachteten Unternehmen liegt zwischen 17,42 % im Jahre 1 und 15,49 % im Jahre 2. Es muss untersucht werden, weshalb ein Rückgang um 2 % erfolgt ist. Dies kann daran liegen, dass vorwiegend junge Mitarbeiter eingestellt wurden.

- *Vorfinanzierungsquote*

Die Vorfinanzierungsquote zeigt, wieviel Prozent des Fremdkapitals aus Anzahlungen besteht.

$$Vorfinnanzierungsquote = \frac{erhaltene\ Anzahlungen}{Fremdkapital} * 100.$$

Zähler Erhaltene Anzahlungen (Pos. D 3 der Passivseite der Bilanz).

Nenner Fremdkapital (Pos. C, D und E der Passivseite der Bilanz).
Die Vorfinanzierungsquote ist von 0,57 auf 0,18 % gesunken. Dies ist sehr erfreulich und das Ergebnis einer Aktion, bei größeren Aufträgen von den Kunden eine Anzahlung zu verlangen. Diese Maßnahme sollte beibehalten werden.

- *Kurzfristige Finanzierungsquote*

Diese Kennzahl wird folgendermaßen errechnet:

$$Anteil\ kurzfristiges\ Fremdkapital = \frac{kurzfristiges\ Fremdkapital}{Fremdkapital} * 100.$$

Zähler Kurzfristiges Fremdkapital (Pos. D 1 bis D 7 der Passivseite der Bilanz mit Restlaufzeit bis zu einem Jahr).

Nenner Fremdkapital (Pos. C, D und E der Passivseite der Bilanz).
Bei der Firma Kettlitz liegt der Anteil des kurzfristigen Kapitals bei 11,53 % bzw. 15,47 %. Dies ist sehr gut. Ein weiterer Anstieg sollte nach Möglichkeit vermieden werden.

▶ **Kennzahlen zur Finanzlage** Diese Kennzahlen berücksichtigen den Zusammenhang zwischen Kapital (Aktivseite der Bilanz) und seiner Verwendung, d. h. dem Vermögen (Passivseite der Bilanz).

- *Anlagendeckung*

Diese Kennzahl gibt an, zu wieviel Prozent das Anlagevermögen durch Eigenkapital gedeckt ist. Nach der *goldenen Bilanzregel* sollte die Anlagendeckung 100 % betragen. In diesem Fall wird das Anlagevermögen zu 100 % vom Eigenkapital gedeckt. Je größer die Anlagendeckung ist, desto solider ist das Unternehmen finanziert.

$$Anlagendeckung = \frac{Eigenkapital}{Anlagevermögen} * 100.$$

Zähler Eigenkapital (Pos. A der Passivseite der Bilanz).

Nenner Anlagevermögen (Pos. C der Aktivseite der Bilanz).
Im Unternehmen Kettlitz lag im Jahre 1 eine fast 100 %-ige Anlagendeckung
vor. Sie ist im folgenden Jahr auf 82,81 % abgefallen. Dies ist bei dem hohen
Eigenkapitalanteil bedenklich. Ein weiterer Rückgang ist zu vermeiden.

* *Liquidität 3. Grades*
Liquidität ist die Fähigkeit des Unternehmens, seinen finanziellen Verpflichtungen
nachzukommen. Die Liquidität muss ständig überwacht werden, damit das Unternehmen nicht zahlungsunfähig wird. Sie sollte mindestens 100 % betragen. Für
die Liquidität gilt folgende Aussage: Je *höher* die Liquidität, desto *sicherer* ist das
Unternehmen. Die Liquidität 3. Grades dient zur *Insolvenzfrüherkennung*. Deshalb muss ihre zeitliche Entwicklung genau studiert werden. Zur Berechnung dient
folgende Formel:

$$Liquidität\ 3.Grades = \frac{Umlaufvermögen}{kurzfristiges\ Fremdkapital} * 100.$$

Zähler Umlaufvermögen (Pos. D der Aktivseite der Bilanz).

Nenner Kurzfristiges Fremdkapital (Pos. D der Passivseite der Bilanz).
Die Liquidität 3. Grades betrug im Vorjahr 264 % und ist im Berichtsjahr auf
167 % abgesunken. Dieser starke Abfall muss gestoppt werden; sonst kommt es zu
Liquiditätsengpässen.

* *Liquidität 2. Grades und 1. Grades*
Bei diesen Liquiditäten ändert sich nur der Zähler. Für die *Liquidität 2. Grades*
wird im Zähler das *Finanzumlaufvermögen* herangezogen und bei der *Liquidität 1.
Grades* die *Geldwerte*.

* *Cash-Flow und Cash-Flow-Umsatzrate*
Der Cash-Flow gibt an, wie viele Geldmittel das Unternehmen erwirtschaftet hat.
Vom Jahresergebnis wird der ausgabenlose Aufwand (z. B. Abschreibungen) hin-
zuaddiert und der einnahmenlose Ertrag (z. B. Auflösung von Sonderposten mit
Rücklageanteil) gekürzt. Der Cash-Flow errechnet sich nach folgender Formel:

$$Cash\text{-}Flow = Jahresüberschuss/Jahresfehlbetrag$$
$$+ Abschreibungen$$
$$+/-Pensionsrückstellungen$$
$$+/-Auflösung\ des\ Sonderpostens\ mit\ Rücklageanteil$$

Die Cash-Flow-Umsatzrate bezieht den Cash-Flow auf den Umsatz. Diese Kennzahl gibt an, wieviel Geldmittel pro Umsatz in das Unternehmen geflossen sind. Die Formel lautet:

$$Cash\text{-}Flow - Umsatzrate = \frac{Cash\text{-}Flow}{Umsatz} * 100.$$

Zähler Cash-Flow (Pos. 20 GuV + Pos. 7 GuV – Pos. C 1 der Passivseite der Bilanz – Pos. B der Passivseite der Bilanz).

Nenner Umsatz (Umsatzerlöse nach Pos. 1 der GuV).
   Die Cash-Flow-Umsatzrate ist mit 96 % in beiden Jahren gleich geblieben. Das heißt, etwa 96 % des Umsatzes fließen als Geldmittel zur uneingeschränkten Verwendung wieder an das Unternehmen zurück.

▶ **Kennzahlen zur Ertragskraft** Unternehmen besitzen eine Ertragskraft, wenn sie die Fähigkeit besitzen, über längere Zeit Gewinne zu erwirtschaften. Die Kennzahlen zur Ertragskraft umfassen folgende Bereiche:
• Ergebnis und Entwicklung des Ergebnisses,
• Kostenstruktur und
• Rentabilität.

• *Betriebsergebnis*
Diese Kennzahl gibt an, mit wieviel Aufwand die Umsätze erzielt wurden.

$$Betriebsergebnis = \frac{Gesamtleistung}{Gesamtaufwand} * 100.$$

Zähler Summe Gesamterlöse aus der GuV.

Nenner Materialaufwand (Pos. 5 der GuV)
   + Personalaufwand (Pos. 6 der GuV)
   + Abschreibungen (Pos. 7 der GuV).

Das Betriebsergebnis hat sich leicht von 125 % auf 127 % gesteigert.

• *Anteil des Betriebsergebnisses*
Diese Kennzahl gibt an, welchen Beitrag das Betriebsergebnis zum Gesamtergebnis geleistet hat. Die Formel dazu lautet:

$$Anteil \ des \ Betriebsergebnisses = \frac{Betriebsergebnis}{Gesamtergebnis} * 100.$$

Zähler Betriebsergebnis (Pos. 8 GuV).

Nenner Gesamtergebnis (Pos. 14 GuV + Pos. 17 GuV).
Im Berichtsjahr betrug der Anteil des Betriebsergebnisses 101,35 %. Das bedeutet, dass in anderen Bereichen (hier im Finanzergebnis) Verluste zu verzeichnen waren.

• *Materialintensität*
Diese Kennzahl gibt den Materialaufwand in Bezug zum Gesamtumsatz an.

$$Materialintensität = \frac{Materialaufwand}{Gesamtlestung} * 100.$$

Zähler Materialaufwand (Pos. 5 der GuV).

Nenner Summe Gesamterlöse aus GuV.
Für das Unternehmen konnte trotz einer Materialteuerung dank einer geschickten Einkaufspolitik die Materialintensität von 34,29 % im Jahre 1 auf 32,98 % im Jahre 2 leicht gesenkt werden.

• *Personalintensität*
Die Kennzahl gibt den Personalaufwand im Verhältnis zur Gesamtleistung an.

$$Personalintensität = \frac{Personalaufwand}{Gesamtleistung} * 100.$$

Zähler Personalaufwand (Pos. 6 GuV).

Nenner Summe Gesamterlöse nach GuV.
Im Unternehmen fand eine Personalerhöhung von 70 auf 75 Mitarbeiter statt. Der Personalaufwand hat sich hier jedoch nur gering erhöht (von 34,21 % auf

35,61 %). Das bedeutet, dass mehr Mitarbeiter auch entsprechend mehr Umsatz erwirtschaftet haben.

- *Umsatzrentabilität*
Die Umsatzrentabilität errechnet den Gewinn pro Umsatz.

$$Umsatzrentabilität = \frac{Gewinn(Verlust)\ vor\ Steuer}{Umsatzerlöse} * 100.$$

Zähler Jahresüberschuss/Jahresfehlbetrag (Pos. 20 GuV).

Nenner Summe Umsatzerlöse (Pos. 1 GuV).
Im Beispielunternehmen hat sich die Umsatzrentabilität von 6,5 % im Jahre 1 auf 8,36 % im Folgejahr erhöht.

- *Kapitalumschlag*
Er gibt an, wie oft das eingesetzte Kapital zu Umsatz wurde.

$$Kapitalumschlag = \frac{Umsatzerlöse}{Gesamtkapital} * 100.$$

Zähler Umsatzerlöse (Pos. 1 GuV).

Nenner Bilanzsumme

- ausstehende Einlagen auf das Stamm- oder Grundkapital (Pos. A der Aktivseite der Bilanz).

- *Return on Investment (ROI)*
Wird die Umsatzrentabilität mit dem Kapitalumschlag multipliziert, dann ergibt sich der ROI. Die weiteren Zusammenhänge zeigt Abb. 5.2.
Im Beispielunternehmen erhöhte sank der Kapitalumschlag von 122 % auf 117 %.
Der ROI gibt den Gewinn pro eingesetztes Kapital an und errechnet sich als Produkt aus den beiden Kennzahlen: Umsatzrentabilität*Kapitalumschlag.

$$ROI = \frac{Gewinn}{durchschnittlicheingesetztesGesamtkapital} * 100$$

$$ROI = Umsatzrentabilität * Kapitalumschlag.$$

Im Beispielunternehmen hat sich die Rendite des eingesetzten Kapitals erhöht.

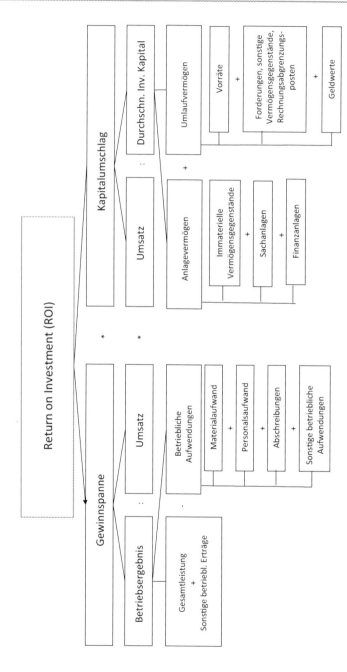

Abb. 5.2 Aufbau der Kennzahl ROI. (eigene Darstellung)

- *Gesamtkapitalrentabilität*

Die Gesamtkapitalrentabilität gibt den *Zinssatz* des eingesetzten Kapitals an.

$$Gesamtkapitalrentabilität = \frac{Gewinn + Fremdkapitalzinsen\ (Verlust - Fremdkapitalzinsen)}{Gesamtkapital}.$$

Zähler Jahresüberschuss/Jahresfehlbetrag (Pos. 20 GuV)
± Fremdkapitalszinsen (Pos. 13 GuV).

Nenner Bilanzsumme

- ausstehende Einlagen auf das Stamm- oder Grundkapital
(Pos. A der Aktivseite der Bilanz).

Beim Beipielunternehmen konnte durch eine Umsatzerhöhung die Gesamt-kapitalrentablilität von 9,15 % im Jahre 1 auf 11,12 % im Jahre 2 gesteigert werden.

Kennzahlen zum Wachstum Eine wichtige Rolle bei der Beurteilung des Wachstums spielen die Kennzahlen für die Produktivität, die im Folgenden besprochen werden.

- *Pro-Kopf-Umsatz*

Diese Kennzahl gibt den Umsatz pro Mitarbeiter an.

$$Pro - Kopf - Umsatz = \frac{Umsatzerlöse}{AnzahlallerMitarbeiter}.$$

Zähler Umsatzerlöse (Pos. 1 GuV).

Nenner Anzahl aller Mitarbeiter im Jahresdurchschnitt.

Dazu zählen: alle Mitarbeiter, die einen vertraglichen Anspruch auf Arbeits-entgelt aus nichtselbständiger Arbeit haben, *ohne* Auszubildende, Dauerkranke, im Mutterschutz Befindliche, zur Bundeswehr Einberufene etc. Teilzeitbeschäftigte werden über ihren Stundenateil in ganzzeitbeschäftigte Mitarbeiter umgerechnet. Gleiches gilt für Überstunden und Kurzarbeit.

Im Beispielunternehmen konnte der Pro-Kopf-Umsatz von 270.066,- €/Mitar-beiter auf 293.555,- €/Mitarbeiter gesteigert werden.

Um einen Maßstab für die Güte dieser Zahlen zu haben, müsste man die Durchschnittswerte der Kennzahlen der entsprechenden Branche kennen. Meistens sind solche Zahlen bei den Verbänden oder den Industrie- und Handelskammern (IHK's) erhältlich.

- *Pro-Kopf-Wertschöpfung*

Im Pro-Kopf-Umsatz ist auch der bezogene Materialanteil und die Abschreibungen enthalten. Diese Teile fehlen bei der Betrachtung der Wertschöpfung. Deshalb gibt diese Kennzahl an, welche Wertschöpfung pro Mitarbeiter im Unternehmen entstanden ist.

$$Pro - Kopf - Wertschöpfung = \frac{Wertschöpfung}{Anzahl\ der\ Mitarbeiter}.$$

Zähler Summe Gesamterlöse (GuV)

- Materialaufwand (Pos. 5 GuV)
- Abschreibungen (Pos. 7 GuV)
- sonstige betriebliche Aufwendungen (Pos. 8 GuV).

Nenner Anzahl aller Mitarbeiter (Bemerkungen s. pro Kopf-Umsatz).

- *Pro-Kopf-Personalaufwand*

Im Beispielunternehmen ist eine Steigerung der Wertschöpfung festzustellen. Diese Kennziffer gibt den Personalaufwand je Mitarbeiter an.

$$Pro - Kopf - Personalaufwand = \frac{Personalaufwand}{Anzahl\ aller\ Mitarbeiter} * 100.$$

Zähler Personalaufwand (Pos. 6 GuV).

Nenner Anzahl aller Mitarbeiter (Bemerkungen s. oben).

Der Pro-Kopf-Aufwand ist im Beispielunternehmen von 92.400,- €/Mitarbeiter auf 104.533,- €/Mitarbeiter angestiegen. Es ist dringend anzuraten, die Gründe für diesen Anstieg festzustellen. Anschließend sollten Maßnahmen zur Senkung des Pro-Kof-Personalaufwandes eingeleitet werden.

Was Sie aus diesem Essential mitnehmen können

- Ermitteln des Erfolges eines Unternehmens durch eine Gewinn- und Verlustrechnung
  Erfassen der Struktur des Vermögens und des Kapitals im Unternehmen durch die Bilanz, den Anlagespiegel und den Anhang
- Beispiele für Unternehmen aus der Produktion und der Dienstleistung
- Struktur der internationalen Rechnungslegung nach US GAP und IAS/IFRS
- Verfolgen der Kapitalströme in das Unternehmen und aus dem Unternehmen durch eine Kapitalflussrechnung
- Aussagen zur Kreditwürdigkeit, zur Kosten-, Finanz- und Liquiditätslage, zur Ertragskraft und zum Wachstum durch eine Kennzahlenanalyse

E. Hering, *Gewinn- und Verlustrechnung (GuV) und Bilanz für Ingenieure*, essentials, 53
DOI 10.1007/978-3-658-06292-7, © Springer Fachmedien Wiesbaden 2014

Literatur

Bitz, M., Schneeloch, D.: Der Jahresabschluss. Vahlen-Verlag, München (2011)

Buchholz, R.: Grundzüge des Jahresabschlusses nach HGB und IFRS: Mit Aufgaben und Lösungen. Vahlen-Verlag, München (2013)

Coenenberg, A.D., Haller, A., Schultze, W.: Lahresabschluss und Jahresabschlussanalyse: Betriebswirtschaftliche, handelsrechtliche, steuerrrechtliche und internationale Vorschriften, 19. Aufl. Schäffer-Poeschel, Stuttgart (2014)

Heno, R.: Jahresabschluss nach Handelsrecht, Steuerrecht und Internationalen Standards. Physika-Verlag, Heidelberg (2011)

Hering, E., Draeger, W.: Handbuch Betriebswirtschaft für Ingenieure, 3. Aufl. Springer, Heidelberg (2000)

Kresse, W., Leuz, N.: Rechnungswesen. Schäffer-Poeschel, Stuttgart (2010)

Küting, K., Weber, C.-P.: Die Bilanzanalyse: Beurteilung von Abschlüssen nach HGB und IFRS. Schäffer-Poeschel, Stuttgart (2012)

E. Hering, *Gewinn- und Verlustrechnung (GuV) und Bilanz für Ingenieure,* essentials, 55
DOI 10.1007/978-3-658-06292-7, © Springer Fachmedien Wiesbaden 2014